はじめての
論理回路

飯田全広　著

The LOGIC CIRCUITS for the first time
by Masahiro IIDA

近代科学社

◆ 読者の皆さまへ ◆

平素より，小社の出版物をご愛読くださいまして，まことに有り難うございます．

（株）近代科学社は 1959 年の創立以来，微力ながら出版の立場から科学・工学の発展に寄与すべく尽力してきております．それも，ひとえに皆さまの温かいご支援があってのものと存じ，ここに衷心より御礼申し上げます．

なお，小社では，全出版物に対して HCD（人間中心設計）のコンセプトに基づき，そのユーザビリティを追求しております．本書を通じまして何かお気づきの事柄がございましたら，ぜひ以下の「お問合せ先」までご一報くださいますよう，お願いいたします．

お問合せ先：reader@kindaikagaku.co.jp

なお，本書の制作には，以下が各プロセスに関与いたしました：

・企画：山口幸治
・編集：山口幸治
・組版：藤原印刷 (LaTeX)
・印刷：藤原印刷
・製本：藤原印刷
・資材管理：藤原印刷
・カバー・表紙デザイン：藤原印刷
・広報宣伝・営業：山口幸治，東條風太

・本書の複製権・翻訳権・譲渡権は株式会社近代科学社が保有します．
・ JCOPY 〈（社）出版者著作権管理機構 委託出版物〉
本書の無断複写は著作権法上での例外を除き禁じられています．
複写される場合は，そのつど事前に（社）出版者著作権管理機構
（電話 03-3513-6969，FAX 03-3513-6979，e-mail: info@jcopy.or.jp）の
許諾を得てください．

まえがき

　スマートフォンに代表される今日のディジタル機器は，ソフトウェア技術とハードウェア技術が高度に融合された製品です．これらがどのように作られているかを理解するには，両技術に精通していなければなりません．ここで使われるソフトウェアには，情報理論やアルゴリズムを基礎として，プログラム言語やデータベース，オペレーティングシステムなどの技術が多く組み込まれています．ハードウェアは半導体や集積回路の設計技術，プロセッサやコンピュータ・アーキテクチャなどのシステム技術などの集大成です．これらの技術はどれも重要ですし，たいへん面白い領域です．しかし，これらの勉強をする前にどうしても知っておかなければならないことがあります．それはすべてのディジタル機器が単純なスイッチの集合でしかないということです．すなわち，スイッチング理論によって成り立っているのです．

　スイッチング理論はブール代数とか論理代数とか2値論理などとも呼ばれますが，ディジタルシステムの根幹を成す理論です．この理論はオンとオフの2状態をもつ論理素子で構成される回路網の基礎理論です．たとえば，コンピュータなどを構成要素に分解していくと最終的にはトランジスタのスイッチに行き着くというわけです．つまり，コンピュータ（のハードウェア）を作りたければ，スイッチを組み合せて設計すればいいのですが，もちろん簡単ではありません．それには，要求される機能を実現するための論理回路設計法を学ばなければならないのです．本書の目標はここにあります．2値論理の代数を基礎に，具体的な回路設計をできるだけ簡単な回路構成で実現する方法を習得することを目指します．

　本書の対象読者は，初めて情報・電気・電子系の専門教科を学習する大学生や高専生，ディジタルハードウェアの基礎を学び直したい若手技術者などです．講義資料として作成していますので，全15回の授業で一通り基礎的なことを理解できるように書いています．また，独習も可能です．通しで読んでいただき，各回の演習問題で理解度を図ることができます．

　分かりにくいところがあれば，それは筆者の力量不足です．また，入門書として書いている都合上，省略している事項も多々あります．併せてご了承いただければ幸いです．

謝辞

　本書は，著者の論理回路に関する講義をまとめたテキストです．多くの方々の支援がなければ完成することはなかったはずで，ここに深甚なる謝意を表します．特に研究室のメンバである新玲央奈君，千竈純太郎君，中原康宏君，野正裕介君，森田達也君，山崎葉月君，吉永隆博君には，校正のみならず演習問題のバグ出しにも協力していただきました．ありがとうございました．また，大学の同僚である尼崎太樹氏と久我守弘氏の両氏には全体の構成から学習内容の妥当性や難易度などに対して貴重な意見をいただき，大変感謝しています．

　出版にあたり，企画から最後の校正まで多くの支援をいただいた近代科学社の山口幸治氏には特に感謝しきれません．本書の教材化の支援と環境を提供していただいた熊本大学生協の岩坂美奈氏，大学生協東京事業連合・森川佳則氏，大学生協九州事業連合・小山未来氏には本書の企画に全面的に協力をいただきました．感謝いたします．

　最後に，家で夜な夜な PC に向かって執筆している著者を温かく見守ってくれた妻・景子，子供たちに感謝します．

2017 年 9 月

飯田　全広

目　次

1章　数の体系と2進数 ·· 1
　1.1　論理学？ ··· 2
　1.2　アナログとディジタル ·· 2
　1.3　サンプリングと量子化 ·· 3
　1.4　数の体系 ··· 6
　1.5　2進数の演算 ··· 8

2章　論理代数の定理1　——基本定理と双対性の原理—— ····························· 19
　2.1　論理と論理値 ··· 20
　2.2　基本論理演算と論理式 ·· 20
　2.3　双対 ·· 22
　2.4　論理代数の基本定理 ·· 23

3章　論理代数の定理2　——ド・モルガンの定理とシャノンの展開定理—— ······· 31
　3.1　ド・モルガンの定理 ··· 32
　3.2　双対関数 ·· 32
　3.3　シャノンの展開定理 ·· 34

4章　論理関数の表現1　——式，図，表を用いた論理表現—— ······················· 41
　4.1　リテラル ·· 42
　4.2　積和形と和積形 ·· 42
　4.3　最小項と最大項 ·· 43
　4.4　標準形 ··· 44
　4.5　論理関数の表現方法 ·· 46

5章　論理関数の表現2　——ゲートを用いた論理表現—— ····························· 55
　5.1　論理ゲート ··· 56
　5.2　論理関数と論理回路 ·· 61

6章　組合せ回路の最適化設計1　——2段論理最小化—— ······························ 69
　6.1　組合せ回路 ··· 70
　6.2　組合せ回路の最適化設計 ··· 74

iv　目　次

7章　組合せ回路の最適化設計2　——クワイン・マクラスキ法—— 81
　7.1　クワイン・マクラスキ法の基本手順 82
　7.2　クワイン・マクラスキ法の具体例 83
　7.3　ドントケアがある場合のクワイン・マクラスキ法 87
　7.4　クワイン・マクラスキ法の問題点 89

8章　組合せ回路の最適化設計3　——多段論理最小化—— 95
　8.1　多段論理最小化 96
　8.2　ファクタリング 97
　8.3　論理式の除算 99
　8.4　多出力論理回路の最適化 100
　8.5　テクノロジマッピング 102

9章　組合せ回路の実際1　——代表的な組合せ回路—— 109
　9.1　マルチプレクサ／デマルチプレクサ 110
　9.2　エンコーダ／デコーダ 112
　9.3　パリティジェネレータ／パリティチェッカ 113
　9.4　比較回路 114
　9.5　多数決回路 115
　9.6　実用的な回路の設計法 116

10章　組合せ回路の実際2　——算術演算回路—— 121
　10.1　基本の加算器 122
　10.2　加算器の応用 123

11章　順序回路の基礎1　——状態遷移と順序回路—— 131
　11.1　組合せ回路から順序回路へ 132
　11.2　順序回路の数学モデルと動作の表現 132
　11.3　順序回路と状態遷移 134
　11.4　順序回路の最適設計 136

12章　順序回路の基礎2　——フリップフロップ—— 143
　12.1　フリップフロップの基礎 144
　12.2　フリップフロップの分類 144
　12.3　ラッチの構成 146
　12.4　フリップフロップの構成 150

13章　順序回路の設計1　——順序回路の実例—— 157
　13.1　レジスタとシフトレジスタ 158
　13.2　カウンタ 159
　13.3　順序回路の設計手順 164

14 章　順序回路の設計 2　——ハードウェア記述言語と論理合成—— 173

14.1　大規模論理回路の設計手法 174

14.2　ハードウェア記述言語 175

14.3　RTL 記述と論理合成 182

15 章　順序回路の設計 3　——デザインパターン—— 191

15.1　基本記述スタイル 192

15.2　デザインパターン 194

15.3　これからの設計手法 201

索　引 209

1章　数の体系と2進数

[ねらい]

　　ここでは論理回路の位置づけと，学ぶにあたって前提となる知識について説明します．サンプリング，量子化，p 進数などについて理解している人は読み飛ばしてもかまいません．また，p 進数から q 進数への変換（基数変換）や補数，補数を用いた負の数の表現などについてもここで学びます．

　　論理回路の世界は，入力信号を論理値の 1 か 0（電圧でいえば high か low）ですべてを表現します．それためには，世の中の事象（アナログ）をディジタルにしなければなりません．これがサンプリングと量子化です．

　　その後，論理回路を学ぶ上で必要な 2 進数，16 進数について理解します．では，2 進数とはどんな数でしょうか．そもそも，数値とは何でしょうか．この辺りを整理したうえで，論理回路を学ぶ準備をします．

[事前学習]

　　特にありません．この章は導入なので気楽に読み物として目を通しておけば十分です．

[この章の項目]

論理学，サンプリング，量子化，2 進数，16 進数，補数，基数変換，負数

1.1 論理学？

論理回路って何かを考える前に，一般的に知られている似た言葉である「論理学」について考えてみよう．

論理学とは，広辞苑によれば「正しい思考の形式および法則を研究する学問」だそうである．なんだか難しそうである．中でも「正しい思考」というのがよくわからないが，ここでは深く考えないで思考の道筋を「真理」を用いて説明する学問としておく．言い換えれば，真理と真理の関係を探求する学問である．

数学や物理学と比較してみるとよくわかるのではないだろうか．数学は数の真理を探求し，物理学は自然の真理を解き明かす学問である．これに対して論理学は，（真理の中身はさておき）その真理の形式と法則を考える．すなわち，その関係性を問題にする学問となる．つまり，真理を扱う方法（思考ツール）を探求していることになるわけだ．これが「正しい思考」の正体である．

このような論理学を一般的には形式論理学という．アリストテレス以来の伝統的な哲学の一分野である．これは推論や証明の形式的な方法を考察していく．よく知られている推論の規則として，三段論法などの演繹法が有名だろう．これは一般的・普遍的な前提から，より個別的・特殊的な結論を得る推論方法である．たとえば，「人は必ず死ぬ」と「ソクラテスは人である」という前提から，「ソクラテスは必ず死ぬ」という個別の結論を得る方法だ．

▶[Logic の語源]
英語の Logic の語源は，ギリシャ語で言語，論理を意味するロゴス (λόγος, logos) から来ている．

この形式論理学は今でも重要な学問であるが，今日では，対象となる思考の終局的な要素を数学的な記号で表現し，論理的な操作を数学の演算に類する操作で行う記号論理学が主流である．これは数学的論理学とか論理代数 (Algebra of logic) などともいう．

記号論理学（以降，論理代数とする）は，形式論理学が持つ言葉の曖昧さを排除し，記号処理で論理計算を表現できるように拡張したところに意義がある．記号を用いて厳密に定義されれば機械的に処理できるようになる．つまり簡単にいえば，論理代数を工学応用したものが論理回路というわけである．

1.2 アナログとディジタル

では，論理回路が扱う世界はどんな世界だろうか．

我々が生活している周りには，常に様々な事象が起こっている．たとえば，天気一つとっても，雨が降ってきた，日が出た，気温は何度になった，などなどたくさんある．これらの事象を観測したり，伝達したり，加工したりすることで我々の生活は営まれている．では，このように何らかの事象を処理するためには何が必要だろうか．それは，それらを情報として抽

出することである．その後，抽出された情報は数値として記録したり加工したりするわけである．

我々が周りの事象から抽出した情報の多くは，時間経過もしくは空間の移動とともに変化するが，その変化量を表現する方法が2通りある．一つ目は変化を連続的な物理量として表現する方法．これをアナログ (analog) 表現という．それに対し二つ目は，変化を一定周期の間隔で読み取り，独立した個別の物理量として表現する方法．これをディジタル (digital) 表現という．

両者の違いを気温の変化を記録する場合を例にみていこう．アナログ記録の場合は，温度に即してペンが左右に振れる機構を用いて一定速度で紙送りされるロール紙上に気温変化の推移を波形として記録する．ディジタル記録の場合は，ある一定時間間隔ごとにその瞬間の気温を数値として記録する．アナログでは紙の上の波形，ディジタルでは数値列，このように同じ気温を記録する行為も，その表現方法によってまったく違ったものが記録されるわけである．どちらが扱いやすいかは瞭然である．たとえば，遠くにその情報を伝達したい場合，アナログ表現では波形が書かれた紙の記録を画像として送らなければならないが，ディジタル表現なら数値列を知らせればよいだけである．とても簡単である．

▶[Analog と Digital の語源]
　Analog の語原はギリシャ語のアナロゴス ($αν\acute{α}λογος$, analogos) で, 類似物とか類比という意味である．英語のアナロジー analogy も類推で同じ意味．一方, Digital の語源はラテン語の指 (digitus) に由来し, 指で数えるところから離散的な数を表現している．アラビア数字の1文字（つまり桁）を意味する digit も同様．

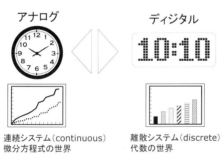

図 **1.1** アナログとディジタル

このように，ディジタル表現は物事を単純化し扱いやすくする．もちろん，万能ではないが，昨今の技術の進歩によりかなり高度なことまでディジタル化している．テレビは 2003 年からアナログからディジタルに移行しはじめ，2011 年には完全移行した．そして，このディジタル化を支えているのが論理回路なのである．

1.3　サンプリングと量子化

もう少しディジタル化について詳しくみていこう．

世の中の事象は押し並べてアナログである．これをディジタル化するためには2つの操作が必要になる．一つがサンプリング (sampling; 標本化)，もう一つが量子化 (quantization) である．

サンプリングとは，アナログ表現に対して，時間的または空間的に一定

の周期ごとに独立した量として読み取ることで，連続量を離散数値列に変換する．量子化は，読み取った量を適当な有限個の数字や記号で表現することである．量子化は一種の丸めであるから，誤差を含むことになる．これを量子化誤差という．しかし，無限に続く無理数を扱わなくてもよくなり，かなり簡単になる．図 1.2 の例では，14.123…と小数点がつづく値を 14 に丸めている．これは扱いやすくするだけではなく，14.1 に丸めるとか 14.12 に丸めるとか精度も制御可能になる．

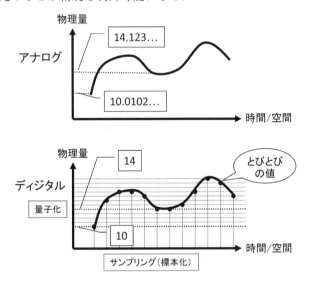

図 1.2 サンプリングと量子化

▶[CD のサンプリング周波数]
CD-DA のサンプリング周波数 44.1kHz は，ヘリカルスキャン型 VTR を使用した PCM 録音機との互換性で決まった経緯があるそうだ[1]．また，CD の容量が 74 分というのは，ベートーベンの「交響曲第 9 番ニ短調作品 125」が入る時間というのは有名な話．どうやらクラシック音楽の演奏時間を調べてみると 75 分あれば 95 % 以上の曲が入り，直径 12cm は必要ということになったようである[2]．

また，アナログ信号をそのまま扱う場合，環境変化やノイズなどによって誤差が生じる．それに対し，ディジタル化した値は，ディジタル化した瞬間の値を切り取るので，それ以降の環境変化に影響されない．さらに，いろいろ簡単になるということは，ディジタル化によって機器のコストダウンも可能になる．

何やら良いことずくめのように感じられるが，ディジタル化にはごまかしがあるのである．先ほど量子化誤差があると述べたが，これがそのごまかしの正体のひとつ．もう一つは，サンプリングでもずるをしている．たとえば，音楽 CD の音質について，CD-DA（コンパクトディスク・ディジタルオーディオ）が登場したときからオーディオマニアの間では音質に疑問が持たれていたのである．一般人にはわからなくても，耳が肥えた人にはアナログのレコードより音質が劣るということがわかっていたのである．その後，サンプルレートを 3 倍以上に引き上げたハイレゾリューション音源が登場してくるのだが，これはディジタル化の典型的な精度制御の例である．つまり，最初の CD ではデータを端折り過ぎたのである．

ディジタルカメラもその典型であろう．一時期，画素数競争が激しかったときがあったが，画素数が多くなるということは空間解像度が高くなる．

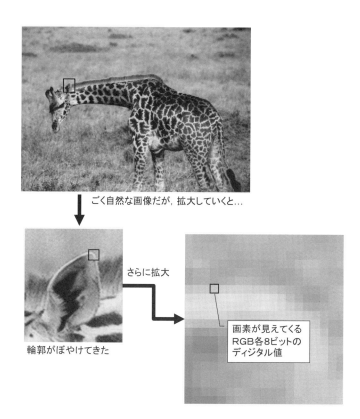

図 1.3 ディジタル化の功罪

つまり，空間方向のサンプリングレートが高くなるということである．200万画素の写真と1000万画素の写真は，Lプリントで見る限り素人目には区別がつかない．これは人間の目の分解能を超えているからである．しかし，A4サイズ程度に引き延ばしてみると一目瞭然である．200万画素の方は輪郭がぼやけ，画素のドットが見えるようになる．一方，1000万画素の写真は，ほとんど見た目は変化しない．

図 1.3 の例では，元の画像データを拡大すると最初は輪郭がぼやける程度だが，さらに拡大するとまるでモザイクがかかっているかのような画素が見えてくる．これと同じ現象は，ディジタルカメラの光学ズームかディジタルズームかで体験できる．光学ズームはレンズによる拡大なのでアナログ的である．拡大してもはっきり映る．しかし，ディジタルズームは，その名の通りディジタルなので図1.3と同じように拡大するとぼやけてしまう．

このようにディジタル化は必要のない（と思われる）情報を削除することで情報量を少なくしているのである．CDの場合は人の耳の聴音分解能以上の情報は不要であり，ディジタルカメラは人の目の識別分解能以上の不要なのでカットしたというわけである．ということであるから，アナログは駄目でディジタルはすばらしいということではない．理想的なアナログ記録には無限精度の情報が記録されているわけだし，それに価値がある

▶[ディジタルカメラの解像度]
　人間の目の分解能を超えているからというよりも，印刷機の分解能を越えているからといったほうが正確か．ここで少し計算してみよう．ディジタルカメラが出はじめのころ，街の写真屋さんがもっていたミニラボ機（プリンタ）の解像度は300dpiから600dpiである．Lプリントのサイズが89×127mmぐらい．インチでは3.5×5inch．したがって，画素数でいうと1050×1500ピクセルから2100×3000ピクセルになる．一方，200万画素のディジタルカメラの写真は1200×1600ピクセルなので，300dpiのプリンタなら十分である．600dpiのプリンタだとちょっと物足りない．しかし，1000万画素のディジタルカメラなら，2736×3648ピクセルなので余裕である．300dpiのA4サイズだと2480×3507ピクセルなのでほぼジャストサイズ．600dpiだとより高解像度のディジタルカメラが必要になる．

6　1章　数の体系と2進数

場合はディジタルシステムでは太刀打ちできないのである.

1.4　数の体系

さて，この章の最後は「数」の話である．何をいまさらと思うかもしれ
ないが，じつは意外と重要だったりする．特に2進数は論理回路に必須で
あるから，ちょっと複雑な話になるがここは押さえておいてほしい.

数の表現方法

古来，数字は,

日本語では，一(いち)，二(に)，三(さん)，四(よん)，五(ご)，…，二十一(にじゅういち)，…

ローマ字では，I，II，III，IV，V，…，XXI，…

と数えていた（もちろん，今でも使っている）．この表現方法は，日本語で
は二十一(にじゅういち)のように「十」とか「万」のような記号（数詞）の個数で数を表
現（十が二個と一）し，ローマ数字ではXXIのように記号を繰り返して表
す．このように数詞を用いて「数」を表す方法を命数法(めいすう)という.

それに対し現代の数字の表現方法は，数字のみを用いて表現する方法で，
これを記数法という．その中でも数字の位置で表現する方法（Positional
notation; 位取り記数法）を採用している．この方法は，巨大な数であって
も無限に続く小数点であっても，以下に示すように特別な記号を用いるこ
となく表現できる.

12345678909596349892997, 3.141592653989, …

つまり，命数法の表現では，一(いち)(10^0)，十(じゅう)(10^1)，百(ひゃく)(10^2)，千(10^3)，万(まん)
(10^4)，億(10^8)，兆(ちょう)(10^{12})，京(けい)(10^{16})，垓(がい)(10^{20})，…，恒河沙(こうがしゃ)(10^{52})，阿僧(あそう)
祇(ぎ)(10^{56})，那由他(なゆた)(10^{60})，不可思議(ふかしぎ)(10^{64})，無量大数(むりょうたいすう)(10^{68})と特別な記号を
用意しなければならないから，それ以上の数は表現できない．しかし，10
進法の位取り記数法では，0から9までの十個の数字でどんなに大きな数
でも表現できる．これは数字の位置によって意味を変える「桁」の概念の
導入の結果といえる.

桁の発明

さて，その「桁」(digit)は，数字の表示順序によって「数」を表現する考
え方の表記位置を意味する．一桁の数は数字1個で表すことになる．つま
り，数字の種類が一桁の数に対応するわけである．この「数字の種類」を
基数(radix)または底(base)という.

10進数は0から9の10個の数字を持つ基数10 (radix 10)の数である．
2進数は0と1の2個の数字を持つ基数2 (radix 2)の数となる.

▶[位取り記数法]
　位取り記数法は「0」の発見
とともにインドで発明され，ア
ラブ人を介してヨーロッパに
伝わったといわれている．遅
くとも5世紀にはインドで使
われており，8世紀には「0」
を含むアラビア数字と10進数
がイスラムに導入され，1000
年ごろにヨーロッパに伝わっ
たようである.

▶[小数点以下の命数法表現]
　小数点以下は，分(ぶ)(10^{-1})，厘(りん)
(10^{-2})，毛(もう)(10^{-3})，糸(し)(10^{-4})，
忽(こつ)(10^{-5})，微(び)(10^{-6})，繊(せん)(10^{-7})，
沙(しゃ)(10^{-8})，塵(じん)(10^{-9})，埃(あい)(10^{-10})，
…，虚空(こくう)(10^{-20})，清浄(しょうじょう)
(10^{-21})，阿頼耶(あらや)(10^{-22})，
阿摩羅(あまら)(10^{-23})，涅槃寂静(ねはんじゃくじょう)
(10^{-24})である.

q 進数

それでは一般化して q 進数の正数 N について考えてみよう．q 進数なので基数 q (radix q) である．N は q 個の数 $(a_0, \ldots, a_{q-1})$ で表現され，

$$N = (A_n A_{n-1} A_{n-2} \cdots A_1 A_0 . A_{-1} A_{-2} \cdots A_{-m})_q$$

と書くことができる．ただし，A_i は $a_0, \ldots, a_{q-1}$ のいずれか．また，添え字の q は q 進数を表す．一般的に q 進数の数 N は，

$$N = A_n \times q^n + A_{n-1} \times q^{n-1} + \cdots + A_1 \times q^1 + A_0 \times q^0 \qquad (1 \leq N)$$
$$N = A_{-1} \times q^{-1} + A_{-2} \times q^{-2} + \cdots + A_{-m} \times q^{-m} \qquad (0 < N < 1)$$

と定義することができる．

では，具体的に 10 進数，2 進数，そして 16 進数の例をみていこう．

10 進数は，0 から 9 までの 10 種類の数字を使い，次のように表現される．

$$N = (d_n d_{n-1} d_{n-2} \cdots d_1 d_0)_{10} とすると，$$
$$N = d_n \times 10^n + d_{n-1} \times 10^{n-1} + \cdots + d_1 \times 10^1 + d_0 \times 10^0$$

たとえば，1234（千二百三十四）は，$1234 = 1 \times 10^3 + 2 \times 10^2 + 3 \times 10^1 + 4 \times 10^0$ である．まぁ，10 進数の場合は当たり前過ぎなのであるが，他の基数ではそう簡単ではなない．

2 進数は，0 と 1 の 2 種類を用いて次のように表現される．

$$N = (b_n b_{n-1} b_{n-2} \cdots b_1 b_0)_2 とすると，$$
$$N = b_n \times 2^n + b_{n-1} \times 2^{n-1} + \cdots + b_1 \times 2^1 + b_0 \times 2^0$$

同様に例として，$(1011)_2$ は $N = 1 \times 2^3 + 0 \times 2^2 + 1 \times 2^1 + 1 \times 2^0 = 8 + 2 + 1 = (11)_{10}$ となり，定義通り計算すると 10 進数の値に変換される．

16 進数の場合は，0 から 9 までの数字と A から F までの文字を合わせて 16 種類で下記のように表現される．

$$N = (h_n h_{n-1} h_{n-2} \cdots h_1 h_0)_{16} とすると，$$
$$N = h_n \times 16^n + h_{n-1} \times 16^{n-1} + \cdots + h_1 \times 16^1 + h_0 \times 16^0$$

たとえば，$(1E3A)_{16}$ は $1E3A = 1 \times 16^3 + E \times 16^2 + 3 \times 16^1 + A \times 16^0$ であるから，

$$
\begin{aligned}
1E3A &= 1 \times 16^3 + E \times 16^2 + 3 \times 16^1 + A \times 16^0 \\
&= 1 \times 16^3 + 14 \times 16^2 + 3 \times 16^1 + 10 \times 16^0 \\
&= 4096 + 3583 + 48 + 10 \\
&= (7738)_{10}
\end{aligned}
$$

となる．2 進数のときと同じように，定義通りの計算すると 10 進数の値に変換される．

また，16 進数と 2 進数はお互いに非常に相性の良い基数である．16 は

▶[q 進数の表記法]

10 進数，16 進数，2 進数などを区別するために，$1234_{(10)}$，$3AF8_{(16)}$，$1010_{(2)}$ のように基数を括弧つきの添え字で表現することも多いが，本書では括弧が煩わしいので省く．また，10 進数は基本的に添え字を省略し，1234，$3AF8_{16}$，1010_2 とする．ただし，他も基数が自明の場合は添え字を省略する．また，必要に応じて，$(1234)_{10}$，$(3AF8)_{16}$，$(1010)_2$ のように数に括弧を用いることもある．さらに，16 進数については別の表現方法もあるので後述する．

2^4 なので，2 進数 4 桁（4 ビットという）で 16 進数 1 桁を表すことができる．したがって，先ほどの $(1E3A)_{16}$ は 2 進数で $(\overset{1}{0001}\ \overset{E}{1110}\ \overset{3}{0011}\ \overset{A}{1010})_2$ となる．たとえば，2 進数を基準に定義をすれば，

$$
\begin{aligned}
1E3A &= 1 \times (2^4)^3 + E \times (2^4)^2 + 3 \times (2^4)^1 + A \times (2^4)^0 \\
&= 0001 \times 2^{12} + 1110 \times 2^8 + 0011 \times 2^4 + 1010 \times 2^0 \\
&= 0001 \times 1\_0000\_0000\_0000 + 1110 \times 1\_0000\_0000 + 0011 \times 1\_0000 + 1010 \times \\
&= 0001\_0000\_0000\_0000 + 1110\_0000\_0000 + 0011\_0000 + 1010 \\
&= (0001\_1110\_0011\_1010)_2
\end{aligned}
$$

となる（桁が多いので四桁ごとに "_" を入れた）．これは何のことはない 16 進の 1 桁を 2 進数表記してつなげただけである．

▶[16 進数の表記法]
　"0x" は 16 進数表現であることを表す．これは 10 進数と区別をつけるためである．たとえば，単に 41 と書くと 10 進数なのか 16 進数なのか判別できない．そこで 16 進数は先頭に 0x をつけて 0x41 と表記する．この表記法は C 言語が最初といわれている．他の言語では異なり，FORTRAN などは先頭に Z をつけ，Intel のアセンブラなどは最後に H をつける．

表 1.1　10 進数・16 進数・2 進数の表現

10 進数	16 進数	2 進数	10 進数	16 進数	2 進数
0	0x0	0000	8	0x8	1000
1	0x1	0001	9	0x9	1001
2	0x2	0010	10	0xA	1010
3	0x3	0011	11	0xB	1011
4	0x4	0100	12	0xC	1100
5	0x5	0101	13	0xD	1101
6	0x6	0110	14	0xE	1110
7	0x7	0111	15	0xF	1111

　表 1.1 に 10 進数，16 進数，2 進数の対応を示す．これを覚えると論理回路を学ぶ上で便利なので，面倒がらずに覚えてしまうことが肝要である．

1.5　2 進数の演算
2 進数の算術演算
　次に 2 進数の算術演算についてみて行こう．
　2 進数の演算は，基数が変わっただけなので 10 進数の演算と基本的な計算手順は同じである．2 進数の加算と減算を図 1.4 に，乗算と除算を図 1.5 に示す．

加算
```
0+0=  0
0+1=  1
1+0=  1
1+1= 10
    ↑上位桁への桁上がり(carry)
```
```
   100111
+    1011
   110010
```

減算
```
 0-0=0
 1-1=0
 1-0=1
10-1=1
   ↑上位桁からの借り(borrow)
```
```
   100111
−    1011
    11100
```

図 1.4　2 進数の加算・減算

　2 進数の一桁は 0 と 1 のどちらからの値しかとらないので，1 を超える値

```
乗算    0×0=0        100111
       0×1=0     ×    1011
       1×0=0        100111
       1×1=1       100111
                  100111
                 ─────────
                 110101101  10進数の筆算と同じ
```

除算 ・除算は乗算と減算の組み合せ
     ・2進数の場合は，商の各桁は0か1しかないため，
      除数を1回引くことができるかどうかを調べればよい

```
                 101 ← 商
                ──────
      除数 1011)111001 ← 被除数
                1011
                ────
                1101
                1011
                ────
                  10 ← 剰余
```

図 1.5　2進数の乗算・除算

は桁上がりする．つまり，加算で $1 + 1 = 10$ となるわけである．0から1
を引く場合も同じで，上位桁から借りてきて引くので $10 - 1 = 1$ である．

　乗算も除算も10進数の筆算と同じように計算できる．乗算は乗数中で1
がある桁の位置に被乗数をシフトして加算する（言葉では説明しにくいの
で図1.5を参照のこと）．この計算は基本的に先の加算と同じである．

　除算は，被除数の上位桁から除数を引ければ商のその桁に1が立ち，引
けなければ0になる．その後，被除数から除数を引いて剰余に対して同じ
ことを繰り返す．

　このように基数が違っても計算方法は変わらない．ここでは2進数で計
算例を示したが，16進数であっても同じである．2進数の演算を行う論理
回路は9章で述べる．

基数変換

　さて，q 進数の定義では，そのまま計算すると10進数の値を求めること
ができた．つまり，これは q 進数–10進数変換は容易であるということを
表している．では，その逆はどうだろうか．10進数を他の基数の数へ変換
する方法である．

　ここでは10進数の正の整数 N を基数 q の数 A に変換する方法を考えて
みよう．

　基数 q の数 A は，

$$A = (a_n a_{n-1} a_{n-2} \cdots a_1 a_0)_q$$

と表せる．一方，10進数の整数 N は q 進数の定義より，

$$N = a_n \times q^n + a_{n-1} \times q^{n-1} + \cdots + a_1 \times q^1 + a_0 \times q^0$$

と書ける．この式を変形すると，

$$N = q(a_n \times q^{n-1} + a_{n-1} \times q^{n-2} + \cdots + a_1) + a_0$$
$$= qN_0 + a_0$$

ただし，$N_0 = a_n \times q^{n-1} + a_{n-1} \times q^{n-2} + \cdots + a_1$ である．ここまでの変形は難しくないだろう．

さて，ここで N を q で割り算すると，その商は上式より N_0 となり，剰余は a_0 である．この a_0 は求めたい A の最下位桁である．つまり，10 進数の N から基数 q の数 A の一部分を求めることができたということになる．

さらに，この N_0 を q で割り算すると，

$$N_0 = a_n \times q^{n-1} + a_{n-1} \times q^{n-2} + \cdots + a_1$$
$$= q(a_n \times q^{n-2} + a_{n-1} \times q^{n-3} + \cdots + a_2) + a_1$$
$$= qN_1 + a_1$$

となり，その商は N_1，剰余は a_1 と求まる．

以下同様に商が 0 になるまで繰り返し q で割り算していくと，すべての a_i を求めることができる．この一連の割り算によって出る剰余の列が $A = (a_n a_{n-1} a_{n-2} \cdots a_1 a_0)_q$ となり，無事に 10 進数の整数 N を基数 q の数 A に変換することができた．

では，具体的に計算をしてみよう．

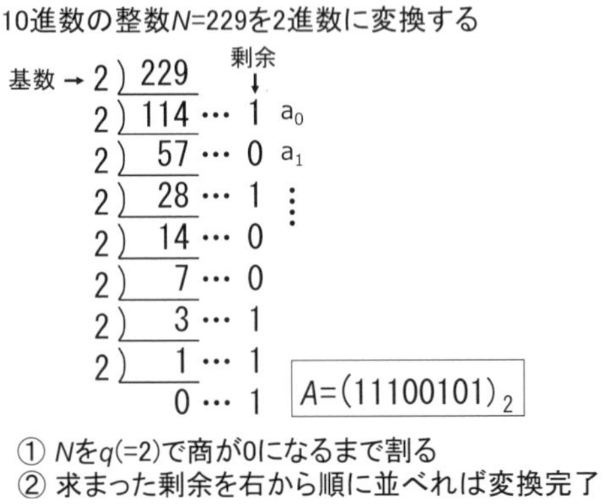

図 **1.6** 基数変換の例

図 1.6 は 10 進数の整数 $N = 229$ を 2 進数に変換する例である．まず始めに ① 229 を 2 で割り続けて余りを求める．次に ② 求まった余りを右から順番に並べれば完了である．

さほど難しくないと思うがどうだろうか．これは基数が何であっても同じである．いろいろ自身で試してみることをお勧めする．

補数

ここでひとつ重要な概念を説明する．補数である．

その前に，補集合についてである．補集合は図 1.7 に示すように，集合

A の反転で集合 A を補う集合である．そしてその集合 A と補集合 $\overline{A}$ を合わせると全体集合になる．

図 **1.7** 補集合

同じように 10 進数 1 桁の数について考えてみよう．

数 A に対し，全体集合にあたるものを桁とすると，数 A の補集合の数，すなわち，補数は $10 - A$ となる．逆にいえば，ある数 A に対して足すと一つ桁上がりする最小数が補数となる．

もう少し厳密な定義は，q 進数の数 $N = (a_n a_{n-1} a_{n-2} \cdots a_1 a_0)_q$ があるとき，
$$M_q = q^{n+1} - N$$
なる数 M_q を考え，これを N の q の補数 (q's complement) と定義する．また，
$$M_{q-1} = q^{n+1} - q^0 - N$$
なる数 M_{q-1} を N の $(q-1)$ の補数と定義する．当然ながら，
$$M_q = M_{q-1} + q^0$$
である．

具体的にみてみよう．一桁の 10 進数 $N = 3$ について考える．10 進数なので $q = 10$，一桁なので $n = 0$ である．補数の定義より，$10 (= q)$ の補数は，
$$M_{10} = 10^{0+1} - 3$$
となり，N の $(q-1) = 9$ の補数
$$\begin{aligned} M_{10-1} &= 10^{0+1} - 10^0 - 3 \\ &= 10 - 1 - 3 \\ &= 6 = M_9 \end{aligned}$$

となる．9 の補数はもとの N に加えると 9 になる数である．10 の補数は 9 の補数に「+1」した数になる．

さて，これが何に使えるかは次で述べるが，その前に，2 進数でも同じことをしてみよう．

2 進数は 0 と 1 しかないので，それぞれ 2 の補数は，
$$1 : M_2 = 2^{0+1} - 1 = 2 - 1 = 1_2$$

$$0 : M_2 = 2^{0+1} - 0 = 2 - 0 = 10_2$$

となり，1の補数は，

$$1 : M_1 = 2^{0+1} - 1 - 1 = 2 - 1 - 1 = 0_2$$
$$0 : M_1 = 2^{0+1} - 1 - 0 = 2 - 1 - 0 = 1_2$$

となる．すなわち，1の補数はもとの数の1を0に，0を1に変えたものである．2の補数はその1の補数に「+1」した数になる．

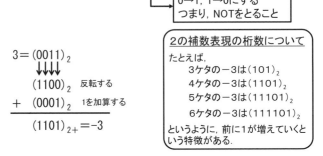

図 1.8 2の補数への変換

図1.8に2の補数への変換をまとめる．この2の補数は，じつは2進数で負の数を用いるときの表現に使用するのである．コンピュータで扱う負の数の表現については次で説明する．

負の数の表現

普段から使っている数値では，負の数は10進数の絶対値の前に「−」符号を付加して表している．これを符号という特別な記号を用いることから，符号絶対値表現という．この表現方法は人間にとってはわかりやすいのであるが，コンピュータにとってはちょっと使いにくい表現である．初期のコンピュータはこのような表現方法を採用していたので，まったく使わなくなったわけではないが，現代の多くのコンピュータは後で述べる別の表現方法を採用している．ここで例として，2進数の0を正，1を負の記号として，+3なら011，−3なら111と表すこととする．ここでは話を簡単にするために3ビットの数として説明するが，実際は32ビットであったり，64ビットであったりする．符号絶対表現のメリットとデメリットをまとめると，

- 符号操作は符号ビットだけでよい（メリット）
- 符号が直感的に把握できる（メリット）
- 同一絶対値に対する異種演算（加算と減算）は，符号によって処理を変えなければならない（デメリット）

となる．3番目の処理が複雑になるために高速化を目指すコンピュータでは使われなくなってしまった．この3番目はどういうことだろうか．

例）10進数の①4(0100_2)と-3(1011_2)の足し算と②4から3(0011_2)の引き算の比較（符号・絶対値表現）

① 0100_2(4) + 1011_2(-3)
　= 1111_2(-7)

② 0100_2(4) − 0011_2(3)
　= 0001_2(1)

```
    0100              0100
  + 1011            − 0011
    1111              0001
```
↑これは符号・絶対値表現の「-7」になってしまう

図 1.9　符号絶対値表現（負の数）の計算

もともと，符号絶対値表現は，人間が演算記号「−」と符号の「−」を同じように扱えるように考え出した方法である．つまり，$4-3=1$ も $-3+4=1$ も同じという意味である．ところが図1.9に示すようにコンピュータ上の計算では通用しない．

そこでそれに代わる表現方法を考えなければならなくなった．それが2の補数を用いた負の数なのである．たとえば，3(0011) に対して−3を0011の2の補数1101と定義する．2の補数は定義より元の数を反転して1を足せばよいので，簡単に求めることができる．

この表現方法のメリットは人間が符号絶対値表現で得たメリットと同じで符号を意識しなくても計算することができる点にある．

例）10進数の①4(0100_2)と-3(1101_2)の足し算と②4から3(0011_2)の引き算の比較（2の補数表現）

図 1.10　2の補数表現（負の数）の計算

例をみてみよう．図1.10は $-3+4=1$ と $4-3=1$ を計算している例である．4ビットとしてビット幅を決めて計算すると，桁あふれは無視できるので同じ答えになる．

なぜこのようになるかを考えると面白いのだが，本題から外れることになるためここではポイントだけまとめることにする．表1.2には四桁で表現できる符号付き数値を示している．ここで示したように符号絶対値表現では，0が「+0」と「−0」の2種類の表現としてダブっており，−8が表現できないといった制限がある．それに対して2の補数表現では，0は1種類しかなく，それに加えて「−8」まで表現できる．

表 1.2 表現能力の違い

10進数	2進数		10進数	2進数	
符号絶対値	符号絶対値	2の補数	符号絶対値	符号絶対値	2の補数
0	0000(+0)/1000(-0)	0000	-1	1001	1111
1	0001	0001	-2	1010	1110
2	0010	0010	-3	1011	1101
3	0011	0011	-4	1100	1100
4	0100	0100	-5	1101	1011
5	0101	0101	-6	1110	1010
6	0110	0110	-7	1111	1001
7	0111	0111	-8	表現できない	1000

数直線で考えるとスッキリするのではないだろうか．図 1.11 に示したように，符号絶対値表現は，最上位ビットを除くと 0 を挟んで対称だが不連続である．この不連続によって計算ができなくなるのである．それに対し，2 の補数表現は最上位ビットを除くとそっくりスライドした並びになっている．こうすることによって，並びには対称性がないが，逆に正負の演算に対称性が出てくるのである．したがって，2 の補数表現の負の数の方がコンピュータに適しているといえる．

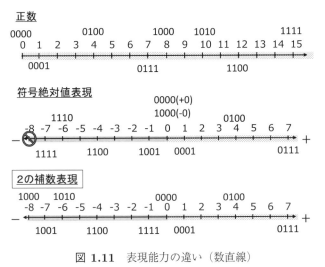

図 1.11　表現能力の違い（数直線）

ひとつ注意してほしいのは，2 の補数表現の負の数は，マイナスが大きくなるにしたがって 2 進数表記は小さくなる．つまり，絶対値なら一番大きな 2 進数 (1111) が「−1」で，一番小さな 2 進数 (1000) が「−8」となる．また，符号絶対値表現と同じく 2 の補数表現でも最上位ビット (Most Significant Bit; MSB) は，負の数なら必ず「1」になる．ただし，これは符号を示すものではなく，正真正銘の数値の一部なのである．しかし，このビットを正負の判定に使うことは可能である．

最後に 2 の補数表現の 2 進数と符号絶対値表現の 10 進数の変換について簡単にまとめる．これらの相互変換は以下のように行う．

1. 2進数の負数を10進数に変換する

- その負数の2の補数を求める（正の2進数にする）
- 求めた正の2進数の値を10進数に変換する
- この10進数の値に「−」符号をつける

2. 10進数の負数を2進数に変換する

- 負の10進数の絶対値から2進数を求める
- この2進数の2の補数を求める

[1章のまとめ]

この章では以下の事柄を学んできました．

- 論理回路で扱うディジタル・データは，サンプリングと量子化によって作られる．
- ディジタル化は，情報量を減らすことで扱いやすくする反面，誤差も含んでいる．
- ディジタルデータは2進数で表現され，それは「桁」に基づく位取り記数法である．
- p進数からq進数への変換を基数変換といい，p進数の値をqで割った剰余を下位桁から並べることで変換できる．
- 位取り記数法において，補数とは「足したとき桁が1つ上がる（桁が1つ増える）数のうち最も小さい数」である．
- 2の補数は，その値の反転に1を足せば求めることができる．
- 現在のコンピュータでは，2の補数を負の数として使っている．
- 2の補数を用いた演算は，異種演算の符号処理が簡単になる．

理解できたでしょうか．理解度を確認するために，次の演習問題の基本問題・応用問題をやってみてください．

16   1章　数の体系と2進数

1章　演習問題

[A. 基本問題]

問 1.1　次の 10 進数の値を 2 進数に変換しなさい.

(1) 36　　(2) 14　　(3) 7　　(4) 104　　(5) 210　　(6) 511

問 1.2　次の 2 進数の値を 16 進数に変換しなさい.

(1) $(10100100)_2$　　(2) $(0110)_2$　　(3) $(1111)_2$　　(4) $(11010100)_2$　　(5) $(1011010010)_2$

(6) $(11111111111)_2$

問 1.3　次の 2 進数の値を 10 進数に変換しなさい.

(1) $(11001000)_2$　　(2) $(0101)_2$　　(3) $(10111)_2$　　(4) $(10101010)_2$　　(5) $(1110100100)_2$

(6) $(10000001)_2$

問 1.4　次の 16 進数の値を 10 進数に変換しなさい.

(1) 0x11　　(2) 0xAB　　(3) 0x123　　(4) 0xC　　(5) 0x1B2　　(6) 0xFF

問 1.5　次の 2 進数の値の 2 の補数を求めなさい.

(1) $(01110000)_2$　　(2) $(1001)_2$　　(3) $(0011)_2$　　(4) $(11101110)_2$　　(5) $(00010100)_2$　　(6) $(00000001)_2$

[B. 応用問題]

問 1.6　次の式を計算し値を求めなさい. ただし, 求めた値は指定の数値表現とする. また, 負の数は, 2 進数および 16 進数は 8 ビット長の 2 の補数表現, 10 進数は符号絶対値表現とする.

(1) 22 - 0x1A = (　)$_2$　　(2) $(00010001)_2 \times$ 0xFF + 1 = (　)$_{10}$　　(3) 0x1E $\div (00000101)_2$ = (　)$_{16}$

問 1.7　(1) から (6) の値を求めなさい.

2 進数	16 進数	10 進数
$(1.101)_2$	(1)	(2)
(3)	0x2.22	(4)
(5)	(6)	0.5

問 1.8　負数を 2 の補数で表現するとき, n ビットの整数 N が表現できる範囲を示しなさい.

[C. 発展問題]

問 1.9　4 ビットの 2 進数のある値を 8 ビットに拡張することを考える. たとえば, $(0010)_2$ の場合は正の数なので, 8 ビットに拡張すると $(00000010)_2$ のように上位ビットに $(0000)_2$ が付加される. 一方, 負の数 $(1000)_2$ はどうだろうか. この値は 10 進数では-8 である. これを 8 ビットの 2 進数で表現すると $(11111000)_2$ のように最上位ビットが拡張されたビット数だけコピーされている. このように 2 の補数表現の数では, 図 1.8 に示したように最上位ビットを拡張分だけコピーすることでビット幅を拡張できる. これを符号拡張という. なぜ, 2 の補数表現ではこのような符号拡張ができるか証明しなさい.

（ヒント：2 の補数表現の 2 進数 $N = (a_n a_{n-1} a_{n-2} \cdots a_1 a_0)_2$ は,

$$N = -2^n \times a_n + \sum_{i=0}^{n-1} (2^i \times a_i)$$

と定義できる. これを用いて n が $n + m$ に拡張されたとき, 同じ値になることを示せばよい. ）

問 1.10　図 1.5 は正数どうしの乗算方法を示している. 負の数を 2 の補数表現とした場合, この方法では計算できない. どのようにすれば計算できるか考えなさい.

（ヒント：上記の 2 の補数表現の 2 進数の定義式から考えるか, Booth's Algorithm や Baugh-Wooley Multiplier Algorithm などの乗算アルゴリズムではどのように演算しているかについて調べる. ）

1章 演習問題解答

[A. 基本問題]

問 1.1 解答

(1) $(100100)_2$　(2) $(1110)_2$　(3) $(111)_2$　(4) $(1101000)_2$　(5) $(11010010)_2$　(6) $(111111111)_2$

問 1.2 解答

(1) 0xA4　(2) 0x6　(3) 0xF　(4) 0xD4　(5) 0x2D2　(6) 0x7FF

問 1.3 解答

(1) 200　(2) 5　(3) 23　(4) 170　(5) 932　(6) 129

問 1.4 解答

(1) 17　(2) 171　(3) 291　(4) 12　(5) 434　(6) 255

問 1.5 解答

(1) $(10010000)_2$　(2) $(0111)_2$　(3) $(1101)_2$　(4) $(00010010)_2$　(5) $(11101100)_2$　(6) $(11111111)_2$

[B. 応用問題]

問 1.6 解答

(1) $(11111100)_2$　(2) -16　(3) 0x06

問 1.7 解答

(1) 0x1.A　(2) 1.625　(3) $(10.00100010)_2$　(4) 2.1328125　(5) $(0.1)_2$　(6) 0x0.8

問 1.8 解答

$$-2^{n-1} \leq N \leq 2^{n-1} - 1$$

[C. 発展問題]

問 1.9 略解

2 の補数表現の 2 進数 $N = (a_n a_{n-1} a_{n-2} \cdots a_1 a_0)_2$ を m ビット符号拡張すると，

$$N' = (\underbrace{a_n a_n \cdots a_n}_{m \, \text{個}} a_n a_{n-1} \cdots a_1 a_0)_2$$

となる．このとき，$N' - N = 0$ になれば符号拡張が正しいといえる．一方，N および N' は，

$$N = -2^n \times a_n + \sum_{i=0}^{n-1} (2^i \times a_i)$$

$$N' = -2^{n+m} \times a_n + \sum_{j=n}^{n+m-1} (2^j \times a_n) + \sum_{i=0}^{n-1} (2^i \times a_i)$$

と表せるので，$N' - N$ を計算すると，

$$N' - N = -2^{n+m} \times a_n + \sum_{j=n}^{n+m-1} (2^j \times a_n) + \sum_{i=0}^{n-1} (2^i \times a_i) - (-2^n \times a_n + \sum_{i=0}^{n-1} (2^i \times a_i))$$

$$= -2^{n+m} \times a_n + \sum_{j=n}^{n+m-1} (2^j \times a_n) + 2^n \times a_n$$

$$= (-2^{n+m} + \sum_{j=n}^{n+m-1} 2^j + 2^n) \times a_n$$

$$= (-2^{n+m} + \frac{2^n \times (2^{(n+m-1)-n+1} - 1)}{2-1} + 2^n) \times a_n$$

$$= (-2^{n+m} + 2^{(n+m-1)-n+1+n} - 2^n + 2^n) \times a_n$$

$$= (-2^{n+m} + 2^{n+m} - 2^n + 2^n) \times a_n$$

$$= 0$$

問 1.10 略解

2 の補数表現の 2 進数の定義式から考えると以下のようになる．

2 の補数表現の 2 進数 $N = (a_n a_{n-1} a_{n-2} \cdots a_1 a_0)_2$ は，

$$N = -2^n \times a_n + \sum_{i=0}^{n-1}(2^i \times a_i)$$

と定義されるので，2 の補数表現の 2 進数 N と $M = (b_n b_{n-1} b_{n-2} \cdots b_1 b_0)_2$ の乗算は，

$$N \times M = (a_n a_{n-1} a_{n-2} \cdots a_1 a_0)_2 \times (-2^n \times b_n + \sum_{i=0}^{n-1}(2^i \times b_i))$$

$$= (a_n a_{n-1} a_{n-2} \cdots a_1 a_0)_2 \times -2^n \times b_n + \sum_{i=0}^{n-1}((a_n a_{n-1} a_{n-2} \cdots a_1 a_0)_2 \times 2^i \times b_i)$$

となる．したがって，b_n をかけるところだけ，N の 2 の補数をとって負の数として計算すればよい．また，計算結果は $2(n+1)$ ビットになるから，各桁の計算は符号拡張しておく必要がある．具体例を下図に示す．

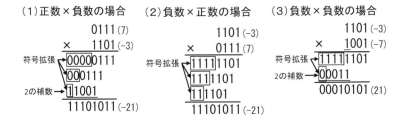

Booth's Algorithm や Baugh-Wooley Multiplier Algorithm などの乗算アルゴリズムについては各自で調べること．

2章　論理代数の定理1
──基本定理と双対性の原理──

[ねらい]

量子化した値の表現について，ここでは2値論理を用いて説明します．3値論理でも4値論理でも原理的には構わないのですが，コンピュータでの扱いが容易かつ回路化も簡単など，様々な理由から現在は2値論理が主流です．ここでは，この2値論理を体系化した論理代数もしくはブール代数，スイッチング代数ともいう代数学的側面について学びます．

論理代数は，次のキーワードに挙げたいくつかの法則に基づく理論体系です．この理論体系を実世界に適用したのが論理回路になります．まず本章では，基本的な理論を固めることから始めます．その後，3章でより進んだ論理代数の定理を学んでから工学応用である論理回路に進むことにします．

[事前学習]

本章に出てくる公理，定義，定理には一通り目を通しておき，可能なら概念を掴むようにしておいてください．分からないところは授業で確認すると理解が深まります．特に定義2「双対」は重要な概念です．定理1「双対性」と共に理解しておいてください．

[この章の項目]

論理代数，ブール代数，双対性，零元則，単位元則，べき等則（同一則），相補則，二重否定，交換則，結合則，分配則，吸収則

2.1 論理と論理値

論理代数またはブール代数とは，0と1を用いてすべてを表現する方法（2値論理）である．これは命題の真理値を日本語では「真」と「偽」，英語では"true"と"false"，2進数では，'1'と'0'，回路では"high"と"low"や"on"と"off"，プログラムでは「yes」と「no」など，2つの値のみで組み立てられた記号論理学を意味する．

▶[ジョージ・ブール]
George Boole, 1815-1864, イギリスの数学者・哲学者．記号論理学の祖．『論理の数学的分析』"The Mathematical Analysis of Logic" (1848) は不朽の名著．

したがって，次の公理1のように論理代数で扱う値は'1'と'0'の2種類しかない．そして，変数はこの論理値を保持する器であるから，同じく'1'と'0'しか値をとらない．また，この論理値の単位をビット (bit) という．この2値の論理体系は，論理代数やブール代数の他にもスイッチング代数などとも呼ばれるが，本書では論理代数に統一する．

公理 1（論理値）

ある論理変数 X の値（論理値）は，0または1のいずれかである．

$$X = 0 \text{ または } X = 1$$

前章で述べた2進数の数値表現は，複数の論理値をあわせて1つの数値として意味づけした表現方法である．複数ビットからなるものがすべて2進数の数値というわけではない．たとえば，コンピュータで扱う文字コードは，複数ビットからなるが数値ではない．

2.2 基本論理演算と論理式

基本論理演算

論理代数には，論理定数や論理変数に対する操作として論理演算がある．論理演算は1つの論理定数や論理変数に対する演算と，2つのそれらに対する演算の2種類がある．前者を単項論理演算，後者を二項論理演算という．単項論理演算は「論理否定」の1種類で，二項論理演算には「論理積」や「論理和」などがある．これら3つの演算をまとめて基本論理演算と呼ぶこととする．

▶[二項論理演算]
純粋に2変数の論理関数は全部で16種類あるが，そのうち，論理演算として利用するのはたかだか6種類程度である．詳細は次章で述べる．

以下に3つの基本演算の公理を示す．

公理 2（論理否定）

論理値0の論理否定は1，論理値1の論理否定は0である．

$$\overline{0} = 1 \qquad \overline{1} = 0$$

> **公理 3（論理積）**
>
> 論理値 1 どうしの論理積だけが論理値 1 であり，それ以外の 3 通り
> の組合せの論理積の論理値は 0 である．
>
> $$0 \cdot 0 = 0 \qquad 0 \cdot 1 = 0 \qquad 1 \cdot 0 = 0 \qquad 1 \cdot 1 = 1$$

> **公理 4（論理和）**
>
> 論理値 0 どうしの論理和だけが論理値 0 であり，それ以外の 3 通り
> の組合せの論理和の論理値は 1 である．
>
> $$0 + 0 = 0 \qquad 0 + 1 = 1 \qquad 1 + 0 = 1 \qquad 1 + 1 = 1$$

　これら基本演算は，日本語では論理否定，論理積，論理和が一般的であ
るが，英語では NOT, AND, OR 以外に様々な呼び名がある．それらをま
とめると以下の通りである．

・論理否定： NOT, inverse, negation, complement
・論理積： AND, conjunction, logical multiplication, logical product
・論理和： OR, disjunction, logical addition, logical sum

　これらの用語は，将来，英語論文などでお目にかかることもあるだろう
から，ついでに覚えてしまっても損はない．

　また，本書では論理式で書く場合の記号は，すでに使っているように

・論理否定： ‾　例）$\overline{A}$
・論理積： ・　例）$A \cdot B$
・論理和： ＋　例）$A + B$

　を用いるが，論理代数（数学分野）では次の記号を用いて書かれている
教科書もある．

・論理否定： ¬　例）$\neg A$
・論理積： ∧　例）$A \wedge B$
・論理和： ∨　例）$A \vee B$

▶[論理和の記号 +]
　論理和は算術和と同じ記号
を用いているので混乱しない
ように注意が必要である．本
書では特に断りがない場合，＋
は論理和を示し，算術式で ＋
を使いたい場合は論理演算を
関数形式（not() や or() 等）
で記述する．

　この両者を混ぜて使うことはないので注意が必要である．また，本書で
は，特に誤解が生じない場合は，$A \cdot B$ の論理積記号・を省略して AB と
表記することもある．

　つぎに，このような記号で表現した論理式の読み方について説明する．

　まず，論理否定の $\overline{A}$ は，「ノットエー」，「エーバー」，「エーの否定」，「エー
の反転」などと読む．論理積の $A \cdot B$ は「エーアンドビー」または「エー
かつビー」，論理和の $A + B$ は「エーオアビー」または「エーまたはビー」
と読む．

論理式

　いくつかの論理変数と論理演算記号を用いて記述した数式を論理式，そしてその関係を論理関数という．論理式で表現された論理関数は論理変数間の論理関係を簡潔に表現できる．たとえば，

> 「A」かつ「B でない」，または「C でない」か「D」が成立する．

といった関係を日本語のまま取り扱うのは煩雑である．これを論理関数として表現すると，

$$f(A, B, C, D) = A \cdot \overline{B} + \overline{C} + D$$

のように正確かつ簡潔に表現できる．

　もう少し厳密に論理関数を定義すると次のようになる．

定義 1（論理関数）

ある論理式が n 個の論理変数 $X_0, X_1, \dots X_{n-1}$ を持つとき，それらの変数のそれぞれが取り得る論理値 0 または 1 の任意の組合せは 2^n 通りである．また，それらの変数値によって論理式の値も論理値 0 または 1 に決まる．すなわち，2^n 個の値の集合から $\{0,1\}$ という 2 値の集合への写像を表す関数を n 変数論理関数という．

　結局，これは論理変数がいくつあろうが，それらの論理変数の値が決まるとその論理式がとる値は論理値 0 または 1 に決まるということを意味している．

　先の例では A から D の 4 変数の論理式が立てられているが，たとえば，A=0, B=1, C=1, D=1 と値が決まれば，この論理式の値は 1 となる．

2.3　双対

　さて，論理代数にかかわる重要な概念に双対(dual) というのがある．双対の定義は以下の通りである．

定義 2（双対）

ある論理式 L において，定数は 0 を 1 に 1 を 0 に入れ替え，演算子は論理積 $\cdot$ と論理和 $+$ の記号を入れ替えてできる論理式を L の双対といい，L^d と表記する．

そして，論理演算によって組立てられた論理式は，次のような性質がある．

定理 1（双対性）

論理式 P, Q において，$P = Q$ である（P と Q が同値（恒等）である）ならば，$P^d = Q^d$ である．また，$Q = P^d$ のとき，$P = Q^d$ である．

ある論理式について正しさが示されれば，双対の関係にあるもう一方の論理式についてもまったく同様なことが成り立つ．論理代数がもつこのような性質を**双対性の原理 (Principle of duality)** と呼ぶ．双対とは，たとえていうなら紙の表と裏のような関係である．紙をひっくり返せば裏が見えるが，紙の形はおなじである．また，もう一度ひっくり返せば元に戻る．

たとえば，以下の 2 つの論理式 P, Q があるとき，

$$P = X + (\overline{X} \cdot Y)$$
$$Q = X + Y$$

この 2 式は同値である．

$$
\begin{aligned}
P &= X + (\overline{X} \cdot Y) \\
&= (X + \overline{X}) \cdot (X + Y) \\
&= X + Y = Q
\end{aligned}
$$

それぞれの双対関数 P^d，Q^d も同値であることを示す．

$$
\begin{aligned}
P^d &= X \cdot (\overline{X} + Y) \\
&= X \cdot \overline{X} + X \cdot Y \\
&= X \cdot Y = Q^d
\end{aligned}
$$

さらに，双対の双対は，

$$
\begin{aligned}
P &= X + (\overline{X} \cdot Y) \\
P^d &= X \cdot (\overline{X} + Y) = R
\end{aligned}
$$

なら，

$$R^d = X + (\overline{X} \cdot Y) = P$$

となる．

論理代数における双対性は，逆に「ある定理が成り立つならば，定理式中の論理和と論理積，0 と 1 を入れ替えた式も成り立つ」ともいえる．この特性は，次に説明する基本定理や，次章で説明するド・モルガンの定理，シャノンの展開定理などに，セットで 2 つの式が現れる理由である（二重否定の定理を除く）．

▶[この論理式の変形]
この論理式の変形（分配則）については次節で詳しく述べる．

2.4 論理代数の基本定理

1 変数論理関数の定理

ここで論理変数が 1 つの論理関数に関する定理をまとめることにする．零元則 (Zero element law)，単位元則 (Identity element law)，べき等則 (Idempotency law)，相補則 (Complementation law)，二重否定 (Involution law) である．

定理 2（零元則, Zero element law）

論理変数 X の値に無関係に，それと 0 との論理積 (AND) は 0，1 との論理和 (OR) は 1 である．

$$X \cdot 0 = 0$$
$$X + 1 = 1$$

定理 3（単位元則, Identity element law）

論理変数 X の値に無関係に，それと 1 との論理積 (AND) は X，0 との論理和 (OR) は X そのものである．

$$X \cdot 1 = X$$
$$X + 0 = X$$

定理 4（べき等則, Idempotency law）

論理変数 X どうしの論理積 (AND) および論理和 (OR) はともに X である．

$$X \cdot X = X$$
$$X + X = X$$

定理 5（相補則, Complementation law）

論理変数 X とその論理否定 (NOT) との論理積 (AND) は 0，論理和 (OR) は 1 である．

$$X \cdot \overline{X} = 0$$
$$X + \overline{X} = 1$$

定理 6（二重否定, Involution law）

論理変数 X の論理否定 (NOT) の論理否定 (NOT) は X そのものである．

$$\overline{\overline{X}} = X$$

多変数論理関数の定理

つぎに論理変数が 2 つ以上の論理関数に関する定理についてまとめる．交換則 (Commutative law)，結合則 (Associativity law)，分配則 (Distributivity law)，吸収則 (Absorption law) である．ここでは主として 2 変数で例を示すが，3 変数以上であっても成立する．

2.4 論理代数の基本定理

定理 7（交換則, Commutative law）
二項論理演算において，それぞれの演算記号の左右にある2項を交換しても同値である．

$$X \cdot Y = Y \cdot X$$
$$X + Y = Y + X$$

定理 8（結合則, Associativity law）
3項の同じ論理演算においては，並び順で前の2項の演算を先に行っても，後の2項の論理演算を先に行っても同値である．

$$(X \cdot Y) \cdot Z = X \cdot (Y \cdot Z)$$
$$(X + Y) + Z = X + (Y + Z)$$

定理 9（分配則, Distributivity law）
論理演算において以下の式が成り立つ．

$$X \cdot (Y + Z) = (X \cdot Y) + (X \cdot Z) \qquad 第一式$$
$$X + (Y \cdot Z) = (X + Y) \cdot (X + Z) \qquad 第二式$$

定理9の分配則は，算術演算の括弧の展開とよく似ているが，ANDとORが等価なので第二式も成り立つに注意が必要である．

直感的に理解しがたい場合は，ベン図を描いてみるとわかりやすいのではないだろうか．分配則の第一式を図2.1に示し，第二式を図2.2に示す．

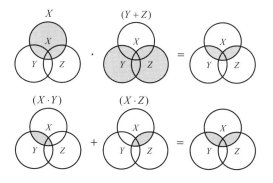

図 **2.1** 分配則の第一式

どうだろう，少しはイメージがつかめたのではないだろうか．

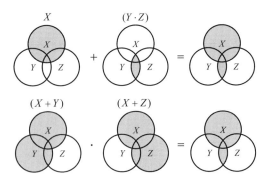

図 2.2 分配則の第二式

定理 10（吸収則, Absorption law）
論理演算において以下の式が成り立つ．

$$X + (X \cdot Y) = X \qquad 第一式$$
$$X \cdot (X + Y) = X \qquad 第二式$$
$$X + \overline{X} \cdot Y = X + Y$$
$$\overline{X} + X \cdot Y = \overline{X} + Y$$

吸収則は分配則の逆である．分配則が括弧を展開するような操作に対し，吸収則は算術演算における変数の括り出しに似た操作である．分配則と同様にベン図を描けば一目瞭然である．図 2.3 に示す．

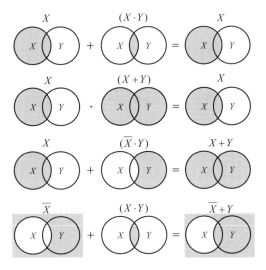

図 2.3 吸収則

また，吸収則の第一式は，定理 2 零元則，定理 3 単位元則，定理 9 分配則を用いて，

$$X + (X \cdot Y) = X \cdot 1 + X \cdot Y$$
$$= X \cdot (1 + Y)$$

$$= X \cdot 1$$
$$= X$$

と導出できる．同様に第二式も，

$$X \cdot (X + Y) = (X + 0) \cdot (X + Y)$$
$$= X + (0 \cdot Y)$$
$$= X + 0$$
$$= X$$

となる．

ここで述べた定理は論理代数の最も基本的な特性を示している．この後，これらを使って解説を進めるため，十分な理解が必要である．

[2 章のまとめ]

この章では以下の事柄を学んできました．

- 論理代数は 0 と 1 からなる 2 値論理である．
- 論理演算には，論理否定 (NOT, $\overline{A}$)，論理積 (AND, $A \cdot B$)，論理和 (OR, $A + B$) がある．
- 論理関数は，いくつかの論理変数からなる論理式によって定義される集合 $\{0, 1\}$ への写像である．
- 双対は，論理式の 0 と 1，論理積と論理和を入れ替えてできる論理式と定義される．
- 論理関数の定理には，零元則，単位元則，べき等則，相補則，二重否定，交換則，結合則，分配則，吸収則がある．

ここに出てくる概念，公理，定義，定理は大変重要なものです．今後，これらを駆使して論理代数，論理回路の諸問題に取り組んでいきます．取りこぼしのないよう復習をしておいてください．また，以下の問題で理解度を確認するようにしてください．

28   2章　論理代数の定理 1

2章　演習問題

[A. 基本問題]

問 2.1 以下の論理式を計算しなさい.
(1) $0 \cdot 1 + \overline{0}$ (2) $1 \cdot (\overline{0} + \overline{1})$ (3) $\overline{1 \cdot \overline{0} + 0} + \overline{1}$ (4) $\overline{0 \cdot \overline{0} + 1 \cdot \overline{1}}$ (5) $\overline{\overline{1} + \overline{1}} + \overline{0} \cdot 1$

問 2.2 以下の論理式の空欄に $0, 1, X$ のいずれかを入れなさい.
(1) $X \cdot 0 = \square$ (2) $X \cdot 1 = \square$ (3) $X + 0 = \square$ (4) $X + 1 = \square$
(5) $X \cdot X = \square$ (6) $X + X = \square$ (7) $X \cdot \overline{X} = \square$ (8) $X + \overline{X} = \square$

問 2.3 以下の論理式の空欄に $0, 1, X, Y$ のいずれかを入れなさい.
(1) $\overline{\overline{X}} = \square$ (2) $X \cdot Y = \square \cdot X$
(3) $X + Y = Y + \square$ (4) $(X \cdot Y) \cdot Z = X \cdot (\square \cdot Z)$
(5) $X \cdot (Y + Z) = (\square \cdot Y) + (X \cdot Z)$ (6) $X + (Y \cdot Z) = (X + \square) \cdot (X + Z)$
(7) $X + (X \cdot Y) = \square$ (8) $X \cdot (X + Y) = \square$

問 2.4 以下の論理式に $X = 0, Y = 1, Z = 1$ を代入したときの値を求めなさい.
(1) $X \cdot Y + Z$ (2) $(\overline{X} + Y) \cdot Z$ (3) $X + (\overline{X} \cdot Y) + \overline{Z}$
(4) $X \cdot \overline{X} + Y \cdot \overline{Z}$ (5) $X \cdot Y + \overline{Y} \cdot Z$

[B. 応用問題]

問 2.5 以下の論理式に対する双対な式を書きなさい.
(1) $X \cdot 1 = X$ (2) $X + X = X$ (3) $X + \overline{X} \cdot Y = X + Y$
(4) $X \cdot \overline{X} = 0$ (5) $X \cdot Y + \overline{X} \cdot Z = (X + Z) \cdot (\overline{X} + Y)$

問 2.6 以下の論理式の値を計算しなさい.
(1) $F = X + \overline{X} \cdot Y + \overline{X} \cdot \overline{Y}$ (2) $F = \overline{X \cdot (\overline{X} + Y) \cdot \overline{Y}}$ (3) $F = \overline{\overline{X} + Y} + \overline{X} \cdot \overline{Y}$
(4) $F = \overline{X} \cdot (\overline{X} + Y) + X \cdot (X + Y)$ (5) $F = \overline{X \cdot \overline{(Y + \overline{Y})}}$

問 2.7 次の関係式を証明しなさい.
(1) $X \cdot \overline{Y} + X \cdot Y + \overline{X} \cdot \overline{Y} = X + \overline{Y}$
(2) $X \cdot Y + X \cdot Y \cdot Z + Z + Y \cdot \overline{Z} = Y + Z$
(3) $(X + \overline{X} \cdot Y) \cdot (X + \overline{Y}) = X$
(4) $(X + \overline{Y} \cdot Z) \cdot (\overline{X} \cdot Y + Z) = X \cdot Z + \overline{Y} \cdot Z$
(5) $\overline{X} \cdot Y + X \cdot \overline{Z} + \overline{Y} \cdot Z = \overline{X} \cdot Z + Y \cdot \overline{Z} + X \cdot \overline{Y}$

[C. 発展問題]

問 2.8 零元則 $X \cdot 0 = 0$ を他の定理（単位元則，べき等則，相補則，二重否定，交換則，結合則，分配則）を用いて証明しなさい．ただし，証明に用いた定理を明示すること．

問 2.9 吸収則 $\overline{X} + X \cdot Y = \overline{X} + Y$ を他の定理（単位元則，べき等則，相補則，二重否定，交換則，結合則，分配則）を用いて証明しなさい．ただし，証明に用いた定理を明示すること．

2 章　演習問題解答

[A. 基本問題]

問 2.1　解答

(1) 1　(2) 1　(3) 0　(4) 1　(5) 1

問 2.2　解答

(1) 0　(2) X　(3) X　(4) 1　(5) X　(6) X　(7) 0　(8) 1

問 2.3　解答

(1) X　(2) Y　(3) X　(4) Y　(5) X　(6) Y　(7) X　(8) X

問 2.4　解答

(1) 1　(2) 1　(3) 1　(4) 0　(5) 0

[B. 応用問題]

問 2.5　解答

(1) $X + 0 = X$　(2) $X \cdot X = X$　(3) $X \cdot (\overline{X} + Y) = X \cdot Y$

(4) $X + \overline{X} = 1$　(5) $(X + Y) \cdot (\overline{X} + Z) = X \cdot Z + \overline{X} \cdot Y$

問 2.6　解答

(1) 1　(2) 0　(3) 1　(4) 1　(5) 1

(1)　$\begin{aligned}
F &= X + \overline{X} \cdot Y + \overline{X} \cdot \overline{Y} \\
&= X + \overline{X} \cdot (Y + \overline{Y}) \\
&= X + \overline{X} \cdot 1 = 1
\end{aligned}$

(2)　$\begin{aligned}
F &= X \cdot (\overline{X} + Y) \cdot \overline{Y} \\
&= X \cdot \overline{X} \cdot \overline{Y} + X \cdot Y \cdot \overline{Y} \\
&= 0 \cdot \overline{Y} + X \cdot 0 \\
&= 0 + 0 = 0
\end{aligned}$

(3)　$\begin{aligned}
F &= \overline{\overline{X}} + Y + \overline{X} \cdot \overline{Y} \\
&= X + Y \cdot (X + \overline{X}) + \overline{X} \cdot \overline{Y} \\
&= X + X \cdot Y + \overline{X} \cdot Y + \overline{X} \cdot \overline{Y} \\
&= X \cdot (1 + Y) + \overline{X} \cdot (Y + \overline{Y}) \\
&= X + \overline{X} = 1
\end{aligned}$

(4)　$\begin{aligned}
F &= \overline{X} \cdot (\overline{X} + Y) + X \cdot (X + Y) \\
&= (\overline{X} + 0) \cdot (\overline{X} + Y) + (X + 0) \cdot (X + Y) \\
&= \overline{X} + (0 \cdot Y) + X + (0 \cdot Y) \\
&= \overline{X} + X = 1
\end{aligned}$

(5)　$\begin{aligned}
F &= \overline{X \cdot \overline{(Y + \overline{Y})}} \\
&= \overline{X \cdot \overline{1}} = \overline{X \cdot 0} \\
&= \overline{0} = 1
\end{aligned}$

問 2.7　解答

(1)　$\begin{aligned}
（左辺） &= X \cdot \overline{Y} + X \cdot Y + \overline{X} \cdot \overline{Y} = X \cdot (\overline{Y} + Y) + \overline{X} \cdot \overline{Y} = X + \overline{X} \cdot \overline{Y} \\
&= (X + \overline{X}) \cdot (X + \overline{Y}) = 1 \cdot (X + \overline{Y}) = X + \overline{Y} = （右辺）
\end{aligned}$

(2)　$\begin{aligned}
（左辺） &= X \cdot Y + X \cdot Y \cdot Z + Z + Y \cdot \overline{Z} = X \cdot Y \cdot (1 + Z) + (Z + Y) \cdot (Z + \overline{Z}) \\
&= X \cdot Y + Z + Y = (X + 1) \cdot Y + Z = Y + Z = （右辺）
\end{aligned}$

(3)　$\begin{aligned}
（左辺） &= (X + \overline{X} \cdot Y) \cdot (X + \overline{Y}) = (X + Y) \cdot (X + \overline{Y}) = X \cdot (X + \overline{Y}) + Y \cdot (X + \overline{Y}) \\
&= X \cdot X + X \cdot \overline{Y} + Y \cdot X + Y \cdot \overline{Y} = X + X \cdot (\overline{Y} + Y) = X = （右辺）
\end{aligned}$

(4)　$\begin{aligned}
（左辺） &= (X + \overline{Y} \cdot Z) \cdot (\overline{X} \cdot Y + Z) = (X \cdot (\overline{X} \cdot Y + Z)) + \overline{Y} \cdot Z \cdot (\overline{X} \cdot Y + Z) \\
&= (X \cdot \overline{X} \cdot Y + X \cdot Z) + \overline{Y} \cdot Z \cdot \overline{X} \cdot Y + \overline{Y} \cdot Z \cdot Z \\
&= (0 \cdot Y + X \cdot Z) + 0 \cdot Z \cdot \overline{X} + \overline{Y} \cdot Z = X \cdot Z + \overline{Y} \cdot Z = （右辺）
\end{aligned}$

(5)　$（左辺） = \overline{X} \cdot Y + X \cdot \overline{Z} + \overline{Y} \cdot Z = \overline{X} \cdot Y \cdot (Z + \overline{Z}) + X \cdot (Y + \overline{Y}) \cdot \overline{Z} + (X + \overline{X}) \cdot \overline{Y} \cdot Z$

$$= \overline{X} \cdot Y \cdot Z + \overline{X} \cdot Y \cdot \overline{Z} + X \cdot Y \cdot \overline{Z} + X \cdot \overline{Y} \cdot \overline{Z} + X \cdot \overline{Y} \cdot Z + \overline{X} \cdot \overline{Y} \cdot Z$$

$$= \overline{X} \cdot Y \cdot Z + \overline{X} \cdot \overline{Y} \cdot Z + \overline{X} \cdot Y \cdot \overline{Z} + X \cdot Y \cdot \overline{Z} + X \cdot \overline{Y} \cdot \overline{Z} + X \cdot \overline{Y} \cdot Z$$

$$= \overline{X} \cdot Z \cdot (Y + \overline{Y}) + Y \cdot \overline{Z} \cdot (\overline{X} + X) + X \cdot \overline{Y} \cdot (\overline{Z} + Z)$$

$$= \overline{X} \cdot Z + Y \cdot \overline{Z} + X \cdot \overline{Y} = (右辺)$$

[C. 発展問題]

問 2.8 解答

$$
\begin{aligned}
(左辺) &= X \cdot 0 + 0 & &(定理 3:単位元則)\\
&= X \cdot 0 + (X \cdot \overline{X}) & &(定理 5:相補則)\\
&= X \cdot (0 + \overline{X}) & &(定理 9:分配則)\\
&= X \cdot (\overline{X} + 0) & &(定理 7:交換則)\\
&= X \cdot \overline{X} & &(定理 3:単位元則)\\
&= 0 & &(定理 5:相補則)
\end{aligned}
$$

問 2.9 解答

$$
\begin{aligned}
(左辺) &= \overline{X} \cdot 1 + X \cdot Y & &(定理 3:単位元則)\\
&= \overline{X} \cdot (Y + \overline{Y}) + X \cdot Y & &(定理 5:相補則)\\
&= \overline{X} \cdot Y + \overline{X} \cdot \overline{Y} + X \cdot Y & &(定理 9:分配則)\\
&= \overline{X} \cdot Y + \overline{X} \cdot Y + \overline{X} \cdot \overline{Y} + X \cdot Y & &(定理 4:べき等則)\\
&= \overline{X} \cdot Y + \overline{X} \cdot \overline{Y} + \overline{X} \cdot Y + X \cdot Y & &(定理 7:交換則)\\
&= \overline{X} \cdot (Y + \overline{Y}) + (X + \overline{X}) \cdot Y & &(定理 9:分配則)\\
&= \overline{X} \cdot 1 + 1 \cdot Y & &(定理 5:相補則)\\
&= \overline{X} + Y & &(定理 3:単位元則)
\end{aligned}
$$

3章　論理代数の定理2
—— ド・モルガンの定理とシャノンの展開定理 ——

[ねらい]

前章では双対性という重要な概念を学びました．この関係性は，論理式の真と偽，論理積と論理和を入れ替えてできた論理式も元の論理体系と同等であることを示しています．これを端的に示しているのがド・モルガンの定理です．本章では，このド・モルガンの定理と最重要なシャノンの展開定理について学びます．ここまで学ぶと論理回路の数学的な基礎は理解できたことになります．

[事前学習]

この章では定理11「ド・モルガンの定理」と定理12「シャノンの展開定理」の内容を事前に知っておくと，授業で説明を聞いたときにその意味が理解できると思います．

余力のある人は，定義3「双対関数」および定義4「自己双対関数」が前章の双対の定義（定義2）と比べてください．表現方法が異なっていても同じことだと分かれば，なおよいです．

[この章の項目]

ド・モルガンの定理，双対関数，自己双対関数，シャノンの展開定理

32   3章　論理代数の定理 2

3.1　ド・モルガンの定理

　ド・モルガンの定理 (De Morgan's duality law) は，論理代数の双対性を表しており，以下の式が成り立つ.

> **定理 11（ド・モルガンの定理）**
> 論理演算において以下の式が成り立つ.
> $$\overline{X \cdot Y} = \overline{X} + \overline{Y}$$
> $$\overline{X + Y} = \overline{X} \cdot \overline{Y}$$

　この関係式は，真・偽を反転させ，論理和・論理積を交換した論理式が元の論理式と同じであることを示している.

　ド・モルガンの定理は，これまで出てきた定理を用いて以下のように証明できる.

　（証明）
　定理 5:相補則より，$(X \cdot Y) \cdot (\overline{X \cdot Y}) = 0$ である.
　もし，ド・モルガンの定理が成り立つなら，第一式より

$$(X \cdot Y) \cdot (\overline{X} + \overline{Y}) = 0$$

になるはずである.

$$
\begin{aligned}
（左辺）&= X \cdot Y \cdot \overline{X} + X \cdot Y \cdot \overline{Y} &&（定理 9:分配則）\\
&= X \cdot \overline{X} \cdot Y + X \cdot Y \cdot \overline{Y} &&（定理 7:交換則）\\
&= 0 \cdot Y + X \cdot 0 &&（定理 5:相補則）\\
&= 0 &&（定理 2:零元則）
\end{aligned}
$$

　（証明終わり）

　ド・モルガンの定理は，n 変数論理関数に拡張することができる. いま，n 変数論理関数 $L = f(X_0, \overline{X_0}, X_1, \overline{X_1}, ..., X_{n-1}, \overline{X_{n-1}}, \cdot, +)$ が n 個の論理変数 $X_0, X_1, ..., X_{n-1}$ と論理積，論理和から構成されるとすると，図 3.1 に示すようにその論理関数 L の否定 $\overline{L}$ は，各変数を否定し $(X_i \to \overline{X_i})$，論理積を論理和に $(\cdot \to +)$，論理和を論理積に $(+ \to \cdot)$ 置き換えた論理式と等しくなる.

　ただし，ひとつだけ注意が必要である. 図 3.1 の例 3 のように論理積と論理和が混在している場合，置き換え後に演算の優先順位が変更されないように括弧をつけることを忘れないようにしてほしい.

3.2　双対関数

　ここで双対関数を以下のように定義する.

▶[オーガスタス・ド・モルガン]
　Augustus de Morgan,1806-1871, イギリスの数学者. 詩人バイロンの娘であり世界初のプログラマとして有名なエイダ・ラブレスに数学を教えていた家庭教師のひとり.

拡張ド・モルガンの定理

$$L = f(X_0, \overline{X_0}, X_1, \overline{X_1}, X_2, \overline{X_2}, ..., X_{n-1}, \overline{X_{n-1}}, \cdot, +)$$

$$\overline{L} = f(\overline{X_0}, X_0, \overline{X_1}, X_1, \overline{X_2}, X_2, ..., \overline{X_{n-1}}, X_{n-1}, +, \cdot)$$

例1 $\overline{X_0 \cdot X_1 \cdot X_2 \cdot ... \cdot X_{n-1}} = \overline{X_0} + \overline{X_1} + \overline{X_2} + ... + \overline{X_{n-1}}$

例2 $\overline{X_0 + X_1 + X_2 + ... + X_{n-1}} = \overline{X_0} \cdot \overline{X_1} \cdot \overline{X_2} \cdot ... \cdot \overline{X_{n-1}}$

例3 $\overline{X_0 \cdot X_1 + X_2 \cdot X_3} = (\overline{X_0} + \overline{X_1}) \cdot (\overline{X_2} + \overline{X_3})$

図 **3.1** 拡張ド・モルガンの定理

定義3（双対関数）

n 変数論理関数 $f(X_0, \overline{X_0}, X_1, \overline{X_1}, ... X_{n-1}, \overline{X_{n-1}}, \cdot, +)$ において，すべての変数の否定 (NOT) をとり，かつ，論理関数全体に否定 (NOT) を施して得る n 変数論理関数を双対関数 f^d とよぶ．

$$f^d = \overline{f(\overline{X_0}, X_0, \overline{X_1}, X_1, ... \overline{X_{n-1}}, X_{n-1}, \cdot, +)}$$

先の双対の定義（定義2）では，$0 \Leftrightarrow 1$，$+ \Leftrightarrow \cdot$ と変換するとなっていたのが，この定義では異なっているようにみえる．しかし，これは同じことを意味しているのである．以下の例のように論理関数 f に対し，双対関数 f^d は定義3では最初の論理式になり，定義2では後の論理式になる．これはド・モルガンの定理を用いれば同じということがわかる．

$$f(X, Y) = X \cdot Y$$
$$f^d = \overline{\overline{X} \cdot \overline{Y}} \qquad \text{（定義3）}$$
$$= X + Y \qquad \text{（定義2）}$$

続いて自己双対関数を定義する．以下に示す．

定義4（自己双対関数）

n 変数論理関数 f とその双対関数 f^d が同値であるとき，その双対関数を自己双対関数という．

$$f = f^d$$

前章から本章までに論理代数の基本的な定理を示してきた．定理6の二重否定を除く零元則からド・モルガンの定理までのすべての定理は，どれも一対の規則によって構成されている．これら一対の規則は，みてのとおり双対の関係にある．これは論理代数が，ある論理式について正しさが示

34   3章　論理代数の定理2

されれば，双対の関係にあるもう一方の論理式についてもまったく同様の
ことが成り立つという双対性の原理を持つためということがわかる．

▶[クロード・エルウッド・シャノン]
　Claude Elwood Shannon, 1916-2001, アメリカ合衆国の電気工学者・数学者．情報理論の父といわれる．また，日本電気（株）の中嶋章・榛沢正男と同時代で論理回路設計を創始したひとりである．

3.3　シャノンの展開定理

　さて，本章の最後に最重要な定理を説明する．シャノンの展開定理 (Shannon's expansion theorem) である．じつはシャノンより随分前にブールがこの展開式を示しているそうなので[3]，本当はブールの展開定理といわないといけないのかもしれない．しかし，慣例として世間一般にシャノンの展開定理と認知されているので，本書もそれに準じることにする．

定理 12（シャノンの展開定理）

n 変数論理関数 $f(X_0, ..., X_i, ..., X_{n-1})$ において，以下の式が成り立つ．

$$f(X_0, ..., X_i, ..., X_{n-1}) = X_i \cdot f(X_0, ..., 1, ..., X_{n-1}) + \overline{X_i} \cdot f(X_0, ..., 0, ..., X_{n-1})$$
第一式

$$f(X_0, ..., X_i, ..., X_{n-1}) = (X_i + f(X_0, ..., 0, ..., X_{n-1})) \cdot (\overline{X_i} + f(X_0, ..., 1, ..., X_{n-1}))$$
第二式

　この定理は以下のように証明できる．

　（証明）
　$X_i = 1$ の場合，

$$
\begin{aligned}
（左辺）&= f(X_0, ..., 1, ..., X_{n-1}) \\
（右辺）&= 1 \cdot f(X_0, ..., 1, ..., X_{n-1}) + \overline{1} \cdot f(X_0, ..., 0, ..., X_{n-1}) \\
&= 1 \cdot f(X_0, ..., 1, ..., X_{n-1}) + 0 \cdot f(X_0, ..., 0, ..., X_{n-1}) \\
&= f(X_0, ..., 1, ..., X_{n-1}) \\
&= （左辺）
\end{aligned}
$$

　$X_i = 0$ の場合，

$$
\begin{aligned}
（左辺）&= f(X_0, ..., 0, ..., X_{n-1}) \\
（右辺）&= 0 \cdot f(X_0, ..., 1, ..., X_{n-1}) + \overline{0} \cdot f(X_0, ..., 0, ..., X_{n-1}) \\
&= 1 \cdot f(X_0, ..., 0, ..., X_{n-1}) \\
&= f(X_0, ..., 0, ..., X_{n-1}) \\
&= （左辺）
\end{aligned}
$$

（証明終わり）

　ここでは定理 12 の第一式について証明したが，第二式も同様である．また，ある論理関数にこの展開定理を適用することを「X_i で展開する」という．さらに，上記の例（定理 12 の第一式）は X_i を論理積して，その後，論理和するので「X_i に関して積和形に展開する」といい，その逆，すなわち定理 12 の第二式は「X_i に関して和積形に展開する」という．

シャノンの展開定理の導出

　シャノンの展開定理は，直感的には分かりにくい側面がある．ここではこの定理がどのように導出されるかをみていく．

いま，任意の n 変数論理関数 $f(X_0, ..., X_i, ..., X_{n-1})$ に対し，$X_i \cdot f(X_0, ..., X_i, ..., X_{n-1})$ について考える．シャノンの展開定理の証明と同様に $X_i = 1$ のとき，

$$1 \cdot f(X_0, ..., 1, ..., X_{n-1})$$

である．$X_i = 0$ のとき，

$$0 \cdot f(X_0, ..., 0, ..., X_{n-1}) = 0$$

となる．したがって，$X_i = 0$ のときには式の値が 0 になることから，

$$X_i \cdot f(X_0, ..., X_i, ..., X_{n-1}) = X_i \cdot f(X_0, ..., 1, ..., X_{n-1}) \qquad (3.1)$$

が成り立つ．一方，$\overline{X_i} \cdot f(X_0, ..., X_i, ..., X_{n-1})$ も同様に

$$\overline{X_i} \cdot f(X_0, ..., X_i, ..., X_{n-1}) = \overline{X_i} \cdot f(X_0, ..., 0, ..., X_{n-1}) \qquad (3.2)$$

が成り立つ．ところで，$f(X_0, ..., X_i, ..., X_{n-1})$ は定理 5 相補則より，

$$
\begin{aligned}
f(X_0, ..., X_i, ..., X_{n-1}) &= (X_i + \overline{X_i}) \cdot f(X_0, ..., X_i, ..., X_{n-1}) \\
&= X_i \cdot f(X_0, ..., X_i, ..., X_{n-1}) + \overline{X_i} \cdot f(X_0, ..., X_i, ..., X_{n-1})
\end{aligned}
$$

と書ける．これは式 3.1 および式 3.2 より，

$$f(X_0, ..., X_i, ..., X_{n-1}) = X_i \cdot f(X_0, ..., 1, ..., X_{n-1}) + \overline{X_i} \cdot f(X_0, ..., 0, ..., X_{n-1})$$

となる．上式はシャノンの展開定理の積和形である．

一般式では分かりにくいので，具体的に $f(X, Y) = X + Y$ の場合について考えてみよう．

$X \cdot (X + Y)$ は，

$$
\begin{aligned}
X \cdot (X + Y) &= X \cdot X + X \cdot Y \\
&= X + X \cdot Y \\
&= X \cdot (1 + Y)
\end{aligned}
$$

である．一方，$\overline{X} \cdot (X + Y)$ は，

$$
\begin{aligned}
\overline{X} \cdot (X + Y) &= \overline{X} \cdot X + \overline{X} \cdot Y \\
&= 0 + \overline{X} \cdot Y \\
&= \overline{X} \cdot 0 + \overline{X} \cdot Y \\
&= \overline{X} \cdot (0 + Y)
\end{aligned}
$$

になる．ここで $f(X, Y)$ は相補則から，

$$
\begin{aligned}
f(X, Y) &= (X + \overline{X}) \cdot (X + Y) \\
&= X \cdot (X + Y) + \overline{X} \cdot (X + Y)
\end{aligned}
$$

$$= X \cdot (1 + Y) + \overline{X} \cdot (0 + Y)$$
$$= X \cdot f(1, Y) + \overline{X} \cdot f(0, Y)$$

となる.

シャノン展開

　これまで n 変数論理関数 $f(X_0, ..., X_i, ..., X_{n-1})$ の一変数について展開してきた．シャノン展開を 1 回行うことにより，n 変数論理関数は二つの $(n-1)$ 変数の部分関数 (sub-function) に展開できる．得られた二つの部分関数それぞれについて，別の変数で展開するとそれぞれが二つの部分関数に展開できる．この操作を可能な限り繰り返すと最終的に 0 または 1 の値を持つ定数関数が得られ，n 段の入れ子状の論理式に展開できる．これを分配則にしたがって，すべて積和形または和積形に変形することができる．

　具体的に 3 変数論理関数 $f(X, Y, Z)$ をシャノン展開（積和形）する．

$$f(X, Y, Z) = X \cdot f(1, Y, Z) + \overline{X} \cdot f(0, Y, Z)$$
$$= X \cdot (Y \cdot f(1, 1, Z) + \overline{Y} \cdot f(1, 0, Z)) + \overline{X} \cdot (Y \cdot f(0, 1, Z) + \overline{Y} \cdot f(0, 0, Z))$$
$$= X \cdot (Y \cdot (Z \cdot f(1,1,1) + \overline{Z} \cdot f(1,1,0)) + \overline{Y} \cdot (Z \cdot f(1,0,1) + \overline{Z} \cdot f(1,0,0))) +$$
$$\overline{X} \cdot (Y \cdot (Z \cdot f(0,1,1) + \overline{Z} \cdot f(0,1,0)) + \overline{Y} \cdot (Z \cdot f(0,0,1) + \overline{Z} \cdot f(0,0,0)))$$

これを分配則で変形すると，

$$
\begin{aligned}
f(X, Y, Z) = {} & X \cdot Y \cdot Z \cdot f(1,1,1) + X \cdot Y \cdot \overline{Z} \cdot f(1,1,0) + \\
& X \cdot \overline{Y} \cdot Z \cdot f(1,0,1) + X \cdot \overline{Y} \cdot \overline{Z} \cdot f(1,0,0) + \\
& \overline{X} \cdot Y \cdot Z \cdot f(0,1,1) + \overline{X} \cdot Y \cdot \overline{Z} \cdot f(0,1,0) + \\
& \overline{X} \cdot \overline{Y} \cdot Z \cdot f(0,0,1) + \overline{X} \cdot \overline{Y} \cdot \overline{Z} \cdot f(0,0,0)
\end{aligned}
\tag{3.3}
$$

となる.

　一方，和積形に展開すると，

$$
\begin{aligned}
f(X, Y, Z) = {} & (X + Y + Z + f(0,0,0)) \cdot (X + Y + \overline{Z} + f(0,0,1)) \cdot \\
& (X + \overline{Y} + Z + f(0,1,0)) \cdot (X + \overline{Y} + \overline{Z} + f(0,1,1)) \cdot \\
& (\overline{X} + Y + Z + f(1,0,0)) \cdot (\overline{X} + Y + \overline{Z} + f(1,0,1)) \cdot \\
& (\overline{X} + \overline{Y} + Z + f(1,1,0)) \cdot (\overline{X} + \overline{Y} + \overline{Z} + f(1,1,1))
\end{aligned}
\tag{3.4}
$$

となる．ここで $f(0,0,0)$ や $f(1,0,1)$ など変数に値が入っている関数は定数になることに注意が必要である．つまり，これらの部分は 0 または 1 の値をとる．

　シャノン展開の一般形を図 3.2 に示す.

　このようなシャノン展開は，論理式を積和形や和積形のような統一的な形式に整理することができる．この特質を用いて次章の論理関数の表現では，論理式の標準形について説明する.

シャノンの展開定理（積和形）

$$f(X_0,...,X_i,...,X_{n-1}) =$$
$$X_0 \cdot ... \cdot X_i \cdot ... \cdot X_{n-1} \cdot f(1,...,1,...,1)$$
$$+ X_0 \cdot ... \cdot X_i \cdot ... \cdot \overline{X_{n-1}} \cdot f(1,...,1,...,0)$$
$$\vdots$$
$$+ \overline{X_0} \cdot ... \cdot \overline{X_i} \cdot ... \cdot \overline{X_{n-1}} \cdot f(0,...,0,...,0)$$

シャノンの展開定理（和積形）

$$f(X_0,...,X_i,...,X_{n-1}) =$$
$$(X_0 + ... + X_i + ... + X_{n-1} + f(0,...,0,...,0))$$
$$\cdot (X_0 + ... + X_i + ... + \overline{X_{n-1}} + f(0,...,0,...,1))$$
$$\vdots$$
$$\cdot (\overline{X_0} + ... + \overline{X_i} + ... + \overline{X_{n-1}} + f(1,...,1,...,1))$$

図 **3.2** シャノン展開の一般形

[3 章のまとめ]

この章では以下の事柄を学んできました．

- ド・モルガンの定理は，$\overline{X \cdot Y} = \overline{X} + \overline{Y}$ と $\overline{X + Y} = \overline{X} \cdot \overline{Y}$ があり，この関係式は，真・偽を反転させ，論理和・論理積を交換した論理式が元の論理式と同じであることを示している．
- ド・モルガンの定理は論理代数の双対性を表している．
- ド・モルガンの定理は，n 変数論理関数に拡張することができる．
- 論理関数 L の否定 $\overline{L}$ は，各変数を否定し ($X_i \to \overline{X_i}$)，論理積を論理和に ($\cdot \to +$)，論理和を論理積に ($+ \to \cdot$) 置き換えた論理式と等しい．
- 双対関数は，すべての変数の否定 (NOT) をとり，かつ，論理関数全体に否定 (NOT) を施して得る n 変数論理関数である．
- 自己双対関数は，n 変数論理関数 f とその双対関数 f^d が同値である．
- シャノンの展開定理は以下の通り．

$$f(X_0,...,X_i,...,X_{n-1}) = X_i \cdot f(X_0,...,1,...,X_{n-1}) + \overline{X_i} \cdot f(X_0,...,0,...,X_{n-1})$$
$$f(X_0,...,X_i,...,X_{n-1}) = (X_i + f(X_0,...,0,...,X_{n-1})) \cdot (\overline{X_i} + f(X_0,...,1,...,X_{n-1}))$$

- シャノンの展開定理をすべての変数に適用することで，任意の論理関数を積和形または和積形に変形することができる．

ここまでで論理回路に必要な論理代数の知識はほぼ出揃いました．次章では，いくつかの重要な用語の定義とこれらの知識を用いた論理関数を表現する方法を学びます．

38   3章　論理代数の定理 2

3章　演習問題

[A. 基本問題]

問 3.1 ド・モルガンの法則を用いて，以下の論理式を簡単化しなさい．ただし，ここでいう簡単化は二項以上にまたがった論理否定がなくなるように変形することを意味する．

(1) $\overline{X+Y+Z}$　　(2) $\overline{X \cdot Y \cdot Z}$　　(3) $\overline{X+Y \cdot Z}$　(4) $\overline{X+\overline{Y \cdot Z}}$

(5) $\overline{(W+X) \cdot (Y+Z)}$　(6) $\overline{W \cdot X + Y \cdot Z}$

問 3.2 以下の論理式の双対関数を求め，簡単化しなさい．ただし，ここでいう簡単化は二項以上にまたがった論理否定がなくなるように変形することを意味する．

(1) $\overline{X \cdot Y} + Z$　　(2) $X + Y \cdot \overline{Z}$　(3) $\overline{(X+Y) \cdot Z}$　(4) $\overline{X \cdot Y} \cdot Z$

(5) $\overline{X+Y} + Y \cdot Z$　(6) $\overline{X \cdot Y} + \overline{Z}$

問 3.3 以下の論理式を変数 X に関して積和形にシャノン展開しなさい．

(1) $X + \overline{Y} + Z$　(2) $(X+Y) \cdot \overline{Z}$　　(3) $\overline{X} \cdot Y + Z$　(4) $\overline{X} + \overline{Y \cdot Z}$

(5) $X + \overline{Y \cdot \overline{Z}}$　(6) $X \cdot Y + \overline{X} + Z$

問 3.4 以下の論理式を積和形にシャノン展開しなさい．

(1) $\overline{X} + \overline{Y} + Z$　(2) $(X+Y) \cdot \overline{Z}$　　(3) $\overline{X+Y \cdot Z}$　(4) $\overline{X+\overline{Y+\overline{Z}}}$

(5) $\overline{X \cdot \overline{Y \cdot \overline{Z}}}$　(6) $X \cdot Y + \overline{X} \cdot Z$

問 3.5 以下の論理式を和積形にシャノン展開しなさい．

(1) $\overline{X} \cdot \overline{Y} \cdot \overline{Z}$　　　(2) $X \cdot \overline{Y} + Z$　　　(3) $\overline{X+Y} + \overline{X+Z} + Y \cdot Z$

(4) $\overline{X \cdot Y + Z} + Y \cdot Z$　(5) $(X+Y) \cdot (\overline{Y}+Z)$　(6) $\overline{X \cdot Y} \cdot Z$

[B. 応用問題]

問 3.6 定理 11（ド・モルガンの定理）の第二式 $\overline{X+Y} = \overline{X} \cdot \overline{Y}$ を証明しなさい．

問 3.7 4 変数論理関数 $f(W,X,Y,Z) = W \cdot X + W \cdot Y + W \cdot Z + X \cdot Y \cdot Z$ が自己双対関数であることを示しなさい．

問 3.8 3 変数論理関数 $f(X,Y,Z) = \overline{X} + \overline{Y \cdot Z}$ に対して以下の問いに答えなさい．

(1) 積和形でシャノン展開しなさい．

(2) 和積形でシャノン展開しなさい．

(3) シャノン展開した積和形と和積形が同値であることを示しなさい．

[C. 発展問題]

問 3.9 図 3.1 に示したように，n 変数論理関数に対するド・モルガンの定理は，その論理関数の否定は各変数を否定し，論理積と論理和を入れ替えた論理式と等しいと定義できることを証明しなさい．ただし，定理 11，定理 12 は成り立つものとしてよい．

問 3.10 定義 2 で双対を「ある論理式 L において，0 を 1 に 1 を 0 に入れ替え，論理積・と論理和 + の記号を入れ替えてできる論理式」と定義した．一方，定義 3 で双対関数を「n 変数論理関数 $f(X_0, \overline{X_0}, X_1, \overline{X_1}, \ldots X_{n-1}, \overline{X_{n-1}}, \cdot, +)$ において，すべての変数の否定 (NOT) をとり，かつ，論理関数全体に否定 (NOT) を施して得る n 変数論理関数」と定義している．この 2 つの定義が等しいことを証明しなさい．

3章　演習問題解答

[A. 基本問題]

問 3.1　解答　(1) $\overline{X}\cdot\overline{Y}\cdot\overline{Z}$　(2) $\overline{X}+\overline{Y}+\overline{Z}$　(3) $\overline{X}\cdot(\overline{Y}+\overline{Z})$　(4) $\overline{X}\cdot Y\cdot Z$　(5) $\overline{W}\cdot\overline{X}+\overline{Y}\cdot\overline{Z}$　(6) $W\cdot X\cdot Y\cdot Z$

問 3.2　解答　(1) $X\cdot\overline{Y}\cdot Z$　(2) $X\cdot(Y+\overline{Z})$　(3) $(\overline{X}+\overline{Y})\cdot\overline{Z}$　(4) $\overline{X}\cdot\overline{Y}+\overline{Z}$　(5) $\overline{Y}\cdot\overline{Z}$　(6) $\overline{X}\cdot\overline{Z}+\overline{Y}\cdot\overline{Z}$

問 3.3　解答

(1) $X\cdot\overline{1+\overline{Y}+Z}+\overline{X}\cdot\overline{0+\overline{Y}+Z}=\overline{X}\cdot Y\cdot\overline{Z}$　(2) $X\cdot(1+Y)\cdot\overline{Z}+\overline{X}\cdot(0+Y)\cdot\overline{Z}=X\cdot\overline{Z}+\overline{X}\cdot Y\cdot\overline{Z}$

(3) $X\cdot\overline{1}\cdot Y+Z+\overline{X}\cdot\overline{0}\cdot Y+Z=X\cdot\overline{Z}+\overline{X}\cdot\overline{Y}\cdot\overline{Z}$　(4) $X\cdot(\overline{1}+\overline{Y\cdot Z})+\overline{X}\cdot(\overline{0}+\overline{Y\cdot Z})=X\cdot(\overline{Y}+\overline{Z})+\overline{X}$

(5) $X\cdot(1+\overline{Y\cdot\overline{Z}})+\overline{X}\cdot(0+\overline{Y\cdot\overline{Z}})=X+\overline{X}\cdot(\overline{Y}+Z)$　(6) $X\cdot(1\cdot Y+\overline{\overline{1}+Z})+\overline{X}\cdot(0\cdot Y+\overline{\overline{0}+Z})=X\cdot(Y+\overline{Z})$

問 3.4　解答

(1) $\overline{X}\cdot\overline{Y}\cdot\overline{Z}+\overline{X}\cdot Y\cdot\overline{Z}+X\cdot\overline{Y}\cdot\overline{Z}+\overline{X}\cdot\overline{Y}\cdot Z+\overline{X}\cdot Y\cdot Z$　(2) $\overline{X}\cdot Y\cdot\overline{Z}+X\cdot Y\cdot\overline{Z}+X\cdot\overline{Y}\cdot\overline{Z}$

(3) $\overline{X}\cdot\overline{Y}\cdot Z$　(4) $\overline{X}\cdot\overline{Y}\cdot\overline{Z}+\overline{X}\cdot Y\cdot\overline{Z}+\overline{X}\cdot Y\cdot Z$

(5) $\overline{X}\cdot\overline{Y}\cdot\overline{Z}+\overline{X}\cdot Y\cdot\overline{Z}+\overline{X}\cdot Y\cdot Z+\overline{X}\cdot\overline{Y}\cdot Z+X\cdot Y\cdot\overline{Z}$

(6) $X\cdot Y\cdot Z+X\cdot Y\cdot\overline{Z}+\overline{X}\cdot Y\cdot Z+\overline{X}\cdot\overline{Y}\cdot Z$

問 3.5　解答

(1) $X+Y+Z$　(2) $(X+Y+Z)\cdot(X+\overline{Y}+Z)\cdot(\overline{X}+\overline{Y}+Z)$

(3) $(\overline{X}+\overline{Y}+Z)\cdot(\overline{X}+Y+Z)\cdot(\overline{X}+Y+\overline{Z})$　(4) $(X+Y+\overline{Z})\cdot(\overline{X}+\overline{Y}+Z)\cdot(\overline{X}+Y+\overline{Z})$

(5) $(X+Y+Z)\cdot(X+Y+\overline{Z})\cdot(X+\overline{Y}+Z)\cdot(\overline{X}+\overline{Y}+Z)$

(6) $(X+Y+Z)\cdot(X+\overline{Y}+Z)\cdot(\overline{X}+\overline{Y}+Z)\cdot(\overline{X}+\overline{Y}+\overline{Z})\cdot(\overline{X}+Y+Z)$

[B. 応用問題]

問 3.6　解答

定理 5:相補則より，$(X+Y)\cdot(\overline{X+Y})=0$ である．もし，ド・モルガンの定理が成り立つなら，第二式より $(X+Y)\cdot\overline{X}\cdot\overline{Y}=0$ になるはずである．

$$(左辺)=X\cdot\overline{X}\cdot\overline{Y}+\overline{X}\cdot Y\cdot\overline{Y} \qquad (定理 9:分配則)$$
$$=0\cdot\overline{Y}+\overline{X}\cdot 0 \qquad (定理 5:相補則)$$
$$=0 \qquad (定理 2:零元則)$$

（証明終わり）

問 3.7　解答

自己双対関数とは $F=F^d$ であることを示せばよい．

$$F=W\cdot X+W\cdot Y+W\cdot Z+X\cdot Y\cdot Z=W\cdot(X+Y+Z)+X\cdot Y\cdot Z$$

したがって，F^d は，

$$F^d=(W+X\cdot Y\cdot Z)\cdot(X+Y+Z)=W\cdot(X+Y+Z)+X\cdot Y\cdot Z\cdot(X+Y+Z)$$
$$=W\cdot(X+Y+Z)+X\cdot Y\cdot Z=W\cdot X+W\cdot Y+W\cdot Z+X\cdot Y\cdot Z=F$$

よって，F は自己双対関数である．

問 3.8　解答

(1) $f=\overline{X}\cdot\overline{Y}\cdot\overline{Z}+\overline{X}\cdot\overline{Y}\cdot Z+\overline{X}\cdot Y\cdot\overline{Z}+\overline{X}\cdot Y\cdot Z+X\cdot Y\cdot\overline{Z}+X\cdot\overline{Y}\cdot\overline{Z}+X\cdot\overline{Y}\cdot Z$

(2) $f=\overline{X}+\overline{Y}+\overline{Z}$

(3) (1) の積和形の式から，

40   3章　論理代数の定理 2

$$f = \overline{X} \cdot \overline{Y} \cdot \overline{Z} + \overline{X} \cdot \overline{Y} \cdot Z + \overline{X} \cdot Y \cdot \overline{Z} + \overline{X} \cdot Y \cdot Z + X \cdot Y \cdot \overline{Z} + X \cdot \overline{Y} \cdot \overline{Z} + X \cdot \overline{Y} \cdot Z$$

$$= \overline{X} \cdot (\overline{Y} \cdot \overline{Z} + \overline{Y} \cdot Z + Y \cdot \overline{Z} + Y \cdot Z) + \overline{Y} \cdot (\overline{X} \cdot \overline{Z} + \overline{X} \cdot Z + X \cdot \overline{Z} + X \cdot Z) + \overline{Z} \cdot (\overline{X} \cdot \overline{Y} + \overline{X} \cdot Y + X \cdot \overline{Y} + X \cdot Y)$$

$$= \overline{X} \cdot (\overline{Z} \cdot (\overline{Y} + Y) + Z \cdot (\overline{Y} + Y)) + \overline{Y} \cdot (\overline{X} \cdot (\overline{Z} + Z) + X \cdot (\overline{Z} + Z)) + \overline{Z} \cdot (\overline{Y} \cdot (\overline{X} + X) + Y \cdot (\overline{X} + X))$$

$$= \overline{X} \cdot (\overline{Z} + Z) + \overline{Y} \cdot (\overline{X} + X) + \overline{Z} \cdot (\overline{Y} + Y)$$

$$= \overline{X} + \overline{Y} + \overline{Z}$$

よって，(2) の和積形の式と等しい．

[C. 発展問題]

問 3.9 略解

図 3.1 に示された拡張ド・モルガンの定理は，その論理関数の否定は，各変数を否定し，論理積と論理和を置き換えた論理式と等しくなる．今，シャノンの展開定理より，n 変数論理関数を

$$f(X_0, ..., X_{n-1}) = X_0 \cdot ... \cdot X_{n-1} \cdot f(1, ..., 1) + ... + \overline{X_0} \cdot ... \cdot \overline{X_{n-1}} \cdot f(0, ..., 0)$$

とおくと，f の否定は，

$$\overline{f(X_0, ..., X_{n-1})} = \overline{X_0 \cdot ... \cdot X_{n-1} \cdot f(1, ..., 1) + ... + \overline{X_0} \cdot ... \cdot \overline{X_{n-1}} \cdot f(0, ..., 0)}$$

である．このとき，$g_1 = X_0 \cdot ... \cdot X_{n-1} \cdot f(1, ..., 1)$, $g_2 = X_0 \cdot ... \cdot \overline{X_{n-1}} \cdot f(1, ..., 0) + ... + \overline{X_0} \cdot ... \cdot \overline{X_{n-1}} \cdot f(0, ..., 0)$ とすると，

$$\overline{f(X_0, ..., X_{n-1})} = \overline{g_1 + g_2} = \overline{g_1} \cdot \overline{g_2}$$

となる．一方，$g_3 = X_1 \cdot ... \cdot X_{n-1} \cdot f(1, ..., 1)$ とおくと，

$$\overline{f(X_0, ..., X_{n-1})} = \overline{X_0 \cdot g_3} \cdot \overline{g_2}$$

同じく定理 11 より，

$$\overline{f(X_0, ..., X_{n-1})} = (\overline{X_0} + \overline{g_3}) \cdot \overline{g_2}$$

同様に，g_3 から X_1 から X_{n-1} まで展開すれば，

$$\overline{f(X_0, ..., X_{n-1})} = (\overline{X_0} + ... + \overline{X_{n-1}} + \overline{f(1, ..., 1)}) \cdot \overline{g_2}$$

となる．g_1 と同様に g_2 も展開すれば，

$$\overline{f(X_0, ..., X_{n-1})} = (\overline{X_0} + ... + \overline{X_{n-1}} + \overline{f(1, ..., 1)}) \cdot ... \cdot (X_0 + ... + X_{n-1} + \overline{f(0, ..., 0)})$$

となる．これは，元の論理関数の各変数を否定し，論理積と論理和を置き換えた論理式なっているので，図 3.1 に示された拡張ド・モルガンの定理は成り立つ．（証明終わり）

問 3.10 略解

シャノンの展開定理より，n 変数論理関数を

$$f(X_0, ..., X_{n-1}) = X_0 \cdot ... \cdot X_{n-1} \cdot f(1, ..., 1) + ... + \overline{X_0} \cdot ... \cdot \overline{X_{n-1}} \cdot f(0, ..., 0)$$

とおくと，定義 2「0 と 1 を入れ替え，論理積と論理和を入れ替えてできる論理式」より f の双対は，

$$f^d(X_0, ..., X_{n-1}) = (X_0 + ... + X_{n-1} + \overline{f(1, ..., 1)}) \cdot ... \cdot (\overline{X_0} + ... + \overline{X_{n-1}} + \overline{f(0, ..., 0)}) \quad (3.5)$$

である．一方，定義 3「すべての変数の否定をとり，かつ論理関数全体に否定を施して得る n 変数論理関数」から，

$$f^d(X_0, ..., X_{n-1}) = \overline{\overline{X_0} \cdot ... \cdot \overline{X_{n-1}} \cdot f(1, ..., 1) + ... + X_0 \cdot ... \cdot X_{n-1} \cdot f(0, ..., 0)}$$

となり，ド・モルガンの定理より，

$$f^d(X_0, ..., X_{n-1}) = \overline{\overline{X_0} \cdot ... \cdot \overline{X_{n-1}} \cdot f(1, ..., 1)} \cdot ... \cdot \overline{X_0 \cdot ... \cdot X_{n-1} \cdot f(0, ..., 0)}$$

$$= (X_0 + ... + X_{n-1} + \overline{f(1, ..., 1)}) \cdot ... \cdot (\overline{X_0} + ... + \overline{X_{n-1}} + \overline{f(0, ..., 0)})$$

これは式 3.5 であるから，この二つの定義は等しいといえる．（証明終わり）

4章　論理関数の表現1
——式，図，表を用いた論理表現——

[ねらい]

　前章までに論理代数のいろいろな定理，定義を説明し，これらを使って論理式を変形できることを示しました．逆をいえば，これは同じ論理関数であっても見た目の異なる論理式がたくさんあるということを意味しています．これではちょっと不便です．そこで本章では，論理式の標準化（正規化）について考えてみます．論理式の見た目が異なっていても，同じ関数なら標準化された後の論理式は同じになるはずです．

　また，これまでは論理関数の表現方法として主に論理式を用いていましたが，本章の後半は表による表現方法と図による方法，そしてグラフ表現をみていくことにします．

[事前学習]

　本章も多くの定義が出てきます．事前に一通り目を通しておいてください．特に大事な概念は，定義5「リテラル」，定義10「最小項」，定義11「最大項」と，それらを用いた4.4節の標準形です．よく読んでおいてください．

[この章の項目]

標準形，積和形，和積形，最小項，最大項，標準積和形，標準和積形，真理値表，カルノー図，二分決定図 (Binary decision diagram, BDD)

4.1 リテラル

論理式の標準化の前に，その準備としてリテラル (literal) という言葉を定義する．

> **定義5（リテラル）**
>
> 論理関数において，それを構成する論理変数そのもの，あるいは，その論理変数の否定を総称してリテラルという．
>
> 論理変数 X のリテラルは，X と $\overline{X}$ であり，これを総称して $\widetilde{X}$ と表記する．対となるリテラルを区別する場合は，
> $$\widetilde{X}^l \quad (l=0 \text{ または } l=1)$$
> と記し，$\widetilde{X}^0 = \overline{X}$, $\widetilde{X}^1 = X$ である．

論理代数で論理関数を表現するとき，ある論理変数 X は，正論理 (X) か負論理 $(\overline{X})$ しかない．また，論理変数 X そのものを言い表すのに X と表記すると正論理と誤解される可能性もある．このような事情から，論理変数そのものを表現したいときや，正論理と負論理をまとめて表現したいときにリテラルという言葉を用いるのである．

リテラルを用いると論理関数で使われる変数をまとめられるため，議論は AND とか OR の論理演算に着目するだけでよくなるという利点もある．

4.2 積和形と和積形

さて，論理関数をよくよくみるとあることに気がつく．論理関数は基本論理演算 (AND, OR, NOT) からできており，論理積だけでできている部分とその否定，または論理和だけでできている部分とその否定，そして，それらの組合せとその否定である．このとき，項全体にかかっている否定はド・モルガンの定理で展開できるので，結局，論理式はリテラルの論理積か論理和の組合せということになる．

このような論理変数の組合せを考えることで論理関数が整理できる．ここでは2つの定義から2つの論理関数の「形式」について述べる．

以下に論理積項と論理和項を定義する．

> **定義6（論理積項（積項））**
>
> 複数個のリテラルを AND だけで結んでできる項を論理積項という．
> $$\overline{X} \cdot Y \cdot Z, \ A \cdot B$$

> **定義7（論理和項（和項））**
>
> 複数個のリテラルを OR だけで結んでできる項を論理和項という．
> $$X + \overline{Y}, \ A + B + \overline{C}$$

前章のシャノン展開で，積和形 (Sum-of-Products; SoP) と和積形

▶[論理式の標準化]

これを標準形という．標準形は一種類ではなく，いろいろな標準形があり，本書では代表的な標準形について解説する．

▶[リテラル]

「リテラル」という言葉は論理代数分野以外にも使われ，その意味が異なるので注意が必要である．たとえば，コンピュータのプログラミング分野では，ソースコード中に直接記述された値を意味する．元々，literal は「文字通りの」「字義通りの」を意味する語であり，ラテン語の littera（りってら）「文字」に由来する．littera の由来語には literature（文学），letter（手紙），literacy（読み書きの能力）などがある．

(Product-of-Sums; PoS) という論理式の形式がでてきたが，これらをもう少し正確に定義すると以下のようになる．

定義 8（積和形 (Sum-of-Products; SoP)）

複数個の論理積項を OR だけで結んでできる論理式を積和形という．

$$f = \overline{X} \cdot Y \cdot Z + X \cdot \overline{Y} \cdot Z$$

定義 9（和積形 (Product-of-Sums; PoS)）

複数個の論理和項を AND だけで結んでできる論理式を和積形という．

$$f = (X + \overline{Y} + Z) \cdot (X + Y + \overline{Z})$$

4.3 最小項と最大項

論理式の標準形を定義する前の最後の準備として，最小項 (minterm) と最大項 (maxterm) を定義する．

定義 10（最小項 (minterm)）

n 変数論理関数において，すべてのリテラルが 1 個ずつ含まれる論理積項を最小項と呼ぶ．

シャノン展開の積和形の一般式（図 3.2 左）において，各項は，

$$(\widetilde{X}_0^{l_0} \cdot ... \cdot \widetilde{X}_i^{l_i} \cdot ... \cdot \widetilde{X}_{n-1}^{l_{n-1}}) \cdot f(l_0, ..., l_i, ...l_{n-1})$$

と書ける．この式の

$$(\widetilde{X}_0^{l_0} \cdot ... \cdot \widetilde{X}_i^{l_i} \cdot ... \cdot \widetilde{X}_{n-1}^{l_{n-1}})$$

を最小項という．

定義 11（最大項 (maxterm)）

n 変数論理関数において，すべてのリテラルが 1 個ずつ含まれる論理和項を最大項と呼ぶ．

シャノン展開の和積形の一般式（図 3.2 右）において，各項は，

$$(\widetilde{X}_0^{\overline{l_0}} + ... + \widetilde{X}_i^{\overline{l_i}} + ... + \widetilde{X}_{n-1}^{\overline{l_{n-1}}}) + f(l_0, ..., l_i, ...l_{n-1})$$

と書ける．この式の

$$(\widetilde{X}_0^{\overline{l_0}} + ... + \widetilde{X}_i^{\overline{l_i}} + ... + \widetilde{X}_{n-1}^{\overline{l_{n-1}}})$$

を最大項という．

例として，3 変数論理関数 $f(X, Y, Z)$ について考えてみる．

この論理関数の最小項は，定義 10 にしたがって以下の 8 個（図 4.1 の左）が最小項となる．そして図 4.1 の右側は，その最小項に対応する区分（丸数字のある部分）をベン図上に示している．

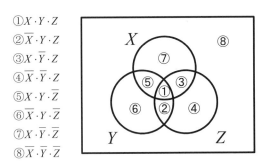

図 4.1　最小項とベン図

このように最小項は，各変数によって構成される論理関数の最小区分を示す項であることが分かる．最小項という名前の由来はここから来ているのである．また，最小項をすべて OR すれば 1 になる．これは集合全体を表していることから当然のことである．

それに対して最大項は，図 4.2 に示すように，ある最小区分（最小項）を除くすべての領域を示している．であるから，最小項と同じく，最大項の個数も 8 個になる．また，最小項とは逆に，最大項をすべて AND すると 0 になる．

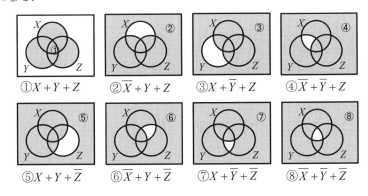

図 4.2　最大項とベン図

また，図 4.1 と図 4.2 からも分かるように，最小項と最大項はお互いに否定の関係にある．したがって，図 4.3 に示すように最小項（最大項）の否定をド・モルガンの定理で展開すると最大項（最小項）になる．

4.4　標準形

標準積和形

積和形でシャノン展開したとき，各論理積項は，$(\widetilde{X}_0^{l_0} \cdot \ldots \cdot \widetilde{X}_i^{l_i} \cdot \ldots \cdot \widetilde{X}_{n-1}^{l_{n-1}}) \cdot f(l_0, \ldots, l_i, \ldots l_{n-1})$ と書ける．$f(l_0, \ldots, l_i, \ldots l_{n-1})$ の部分は定数なので，元の論理関数は，$f(l_0, \ldots, l_i, \ldots l_{n-1}) = 1$ の各項を論理和 (OR) した式になる．この形式で表現された論理関数を標準積和形という．

▶[標準積和形]
Sum-of-products canonical form，標準積和形は主加法標準形 (Disjunction normal form;DNF) や最小項表現 (Minterm canonical form) ともいう．

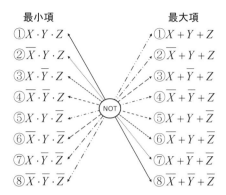

図 4.3 最小項と最大項の関係

> **定義 12（標準積和形 (Sum-of-produts canonical form)）**
> n 変数論理関数の標準積和形は，
> $$f(l_0,...,l_i,...l_{n-1}) = 1$$
> となるリテラルの組による最小項 $(\widetilde{X}_0^{l_0} \cdot ... \cdot \widetilde{X}_i^{l_i} \cdot ... \cdot \widetilde{X}_{n-1}^{l_{n-1}})$ をすべて論理和 (OR) した論理式である．

たとえば，$f(X,Y) = X + \overline{X} \cdot Y$ という論理関数の標準積和形は，積和形のシャノン展開から，

$$f(X,Y) = X \cdot Y \cdot f(1,1) + \overline{X} \cdot Y \cdot f(0,1) + X \cdot \overline{Y} \cdot f(1,0) + \overline{X} \cdot \overline{Y} \cdot f(0,0)$$
$$= X \cdot Y \cdot 1 + \overline{X} \cdot Y \cdot 1 + X \cdot \overline{Y} \cdot 1 + \overline{X} \cdot \overline{Y} \cdot 0$$
$$= X \cdot Y + \overline{X} \cdot Y + X \cdot \overline{Y}$$

と求まる．式中の論理積項をみると 2 変数の両方が含まれていることが分かる．

標準和積形

同様に和積形でシャノン展開したとき，論理和項は，$(\widetilde{X}_0^{\overline{l_0}} + ... + \widetilde{X}_i^{\overline{l_i}} + ... + \widetilde{X}_{n-1}^{\overline{l_{n-1}}}) + f(l_0,...,l_i,...l_{n-1})$ と書け，それらを論理積 (AND) した論理式が標準和積形となる．

> **定義 13（標準和積形 (Product-of-sums canonical form)）**
> n 変数論理関数の標準和積形は，
> $$f(l_0,...,l_i,...l_{n-1}) = 0$$
> となるリテラルの組による最大項 $(\widetilde{X}_0^{\overline{l_0}} + ... + \widetilde{X}_i^{\overline{l_i}} +\ ... + \widetilde{X}_{n-1}^{\overline{l_{n-1}}})$ をすべて論理積 (AND) した論理式である．

▶[標準和積形]
Product-of-sums canonical form, 標準和積形は，主乗法標準形 (Conjunctive normal form;CNF)，最大項表現 (Maxterm canonical form) ともいう．

前の例では，論理関数 $f(X,Y) = X + \overline{X} \cdot Y$ の標準和積形は，和積形のシャノン展開から，

$$f(X,Y) = (X+Y+f(0,0)) \cdot (\overline{X}+Y+f(1,0)) \cdot (X+\overline{Y}+f(0,1)) \cdot (\overline{X}+\overline{Y}+f(1,1))$$
$$= (X+Y+0) \cdot (\overline{X}+Y+1) \cdot (X+\overline{Y}+1) \cdot (\overline{X}+\overline{Y}+1)$$
$$= (X+Y) \cdot 1 \cdot 1 \cdot 1$$
$$= X+Y$$

となる（この例では論理和項が 1 個しか残っていないので「和積」にはなっていない）.

4.5 論理関数の表現方法

これまで論理代数について，主に論理式を用いて表現してきた．本章の最後は論理式以外の表現方法について整理する．これまで論理式をベン図で補足しながら説明してきたが，他にも真理値表 (Truth table)，カルノー図 (Karnaugh map)，二分決定図 (Binary Decision Diagram;BDD) などがある．それぞれ利点・欠点があり使いどころが異なるので，それらを踏まえて解説する.

真理値表

ある論理関数が与えられたとき，真理値表 (Truth table) はその関数を構成する論理変数の値の組合せと，そのときの関数値を一覧表に表現したものである．たとえば，3 変数の論理関数があったとき，その真理値表は，3 変数の取り得る値のすべての組合せ（000 から 111 までの 8 通り）のそれぞれの値を入力したときの論理関数の値を求めそれらを表にする．これはすべての入力の組合せで関数値を示されていることから，論理関数そのものを表現していることに他ならない.

3 変数論理関数 $f(X,Y,Z) = \overline{\overline{X}+Y \cdot Z} + \overline{X+\overline{Z}}$ の真理値表は表 4.1 のようになる.

表 **4.1** 真理値表の例

X	Y	Z	f
0	0	0	0
0	0	1	1
0	1	0	0
0	1	1	1
1	0	0	1
1	0	1	1
1	1	0	1
1	1	1	0

ここでシャノン展開を思い出してほしい．シャノン展開の積和形は $f(l_0,...,l_i,...l_{n-1}) = 1$ となる最小項 $(\widetilde{X}_0^{l_0} \cdot ... \cdot \widetilde{X}_i^{l_i} \cdot ... \cdot \widetilde{X}_{n-1}^{l_{n-1}})$ をすべて OR したが，これはまさに真理値表の $f(X,Y,Z)$ が 1 となる入力値を l_i として最小項を OR することと同じである．同様に和積形では $f(l_0,...,l_i,...l_{n-1}) = 0$

となる最大項 $(\widetilde{X_0^{l_0}} + ... + \widetilde{X_i^{l_i}} + ... + \widetilde{X_{n-1}^{l_{n-1}}})$ をすべて AND したが，これは真理値表の $f(X,Y,Z)$ が 0 となる入力値を l_i とした最大項の AND ということを示している．

このように真理値表の行数は，論理変数の数を n とすると 2^n 行になる．上記のように 3 変数なら 8 行，4 変数なら 16 行，5 変数なら 32 行である．真理値表は分かりやすい反面，変数が多いと表が長大になってしまう欠点がある．

カルノー図

カルノー図 (Karnaugh map) は，真理値表を 2 次元のマス目上に変形し，論理変数の値の組合せをグレイコード（Gray code, 交番二進符号）の順序（2 変数の場合は，00 → 01 → 11 → 10 の順）で配置する．こうすることによって，互いに類似する入力変数の組合せが隣接するように工夫したものである．真理値表が 2^n 行必要だったと同じで，カルノー図は 2^n 個のマス目をもつ格子を作成する．このマス目をセルといい，座標にあたるのが変数の値である．そして，その論理変数の値の組合せの論理関数値がセルに入る．一般的に，セルには関数値が 0 のときは空白で，1 のときのみ 1 が書かれる．

言葉で説明しても分かりにくいので，図 4.4 に例を示す．この例は 3 変数論理関数をカルノー図で表現している．3 変数であるから，セルは 8 個必要である．2 の偶数乗ではないのため，この例では横に 4 マス，縦に 2 マスとしている．むろん，逆であっても良い．

▶[グレイコード]
グレイコード（交番二進符号）は，ベル研究所のフランク・グレイ (Frank Gray, 1887-1953) が出願した特許 (US 2,037,471, issued April 14, 1936). この符号は，前後に隣接する符号間がハミング距離 1，すなわち，隣接する符号への変化は 1 ビットしかないという特徴を持つ．灰色のコードではない．

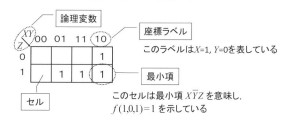

図 4.4 カルノー図の例

図中の 1 が書かれているセルは，$f(l_0, ..., l_i, ...l_{n-1}) = 1$ となる最小項を示し，これらを OR することで標準積和形ができる．この例では，

$$f(X,Y,Z) = X \cdot \overline{Y} \cdot \overline{Z} + X \cdot \overline{Y} \cdot Z + X \cdot Y \cdot Z + \overline{X} \cdot Y \cdot Z$$

となる．

空欄のセルは $f(l_0, ..., l_i, ...l_{n-1}) = 0$ となる最大項を示し，これらを AND すると標準和積形ができる．この例では，

$$f(X,Y,Z) = (X + Y + Z) \cdot (X + \overline{Y} + Z) \cdot (\overline{X} + \overline{Y} + Z) \cdot (X + Y + \overline{Z})$$

となる．

▶ [ハミング距離]
ハミング距離とは，同じビット数の2進数の2つ間で，異なるビットの数を示す．たとえば，0011 と 1010 では最上位ビットと最下位ビットが異なるのでハミング距離2である．米国の数学者，計算機科学者であるリチャード・ハミング (Richard Wesley Hamming, 1915-1998) にちなんで付けられている．鼻歌 (humming) とは無関係．

また，カルノー図ではこの座標の並びが重要である．必ずハミング距離 '1' になる並び（グレイコードの並び）でなければ意味がない．この点は注意が必要である．

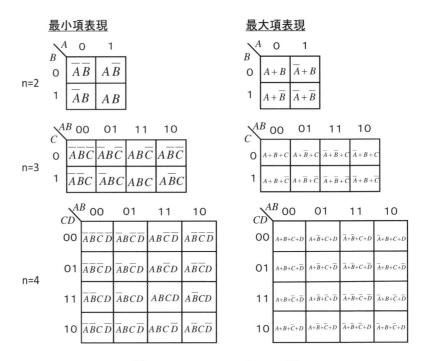

図 4.5 $n=2,3,4$ のカルノー図

図 4.5 に $n=2,3,4$ のカルノー図を示す．セルの中には対応する最小項と最大項をそれぞれ記している．$n=4$ のカルノー図では，X 座標も Y 座標も座標ラベルがグレイコードになっていることが分かると思う．

カルノー図は主に論理関数の簡単化に用いる．これについては次章で詳細を述べることとする．ここでは直感的に人間が理解しやすい論理関数の表現方法の一つと理解していれば十分である．ただし，$n=5$ 以上の論理関数をカルノー図で表現しようとすると，「人間が理解しやすい」という特徴が失われてしまうので，本書では推奨しない．論理変数が多い場合は，次に述べる二分決定図か論理式を用いる．

二分決定図

二分決定図は，論理関数を2次元のグラフで表現する方法である．

BDDは，変数をノード（節点）とし，変数の値をエッジ（枝），そして論理値0と1を終端節点とした有向グラフである．それぞれの変数に0または1の値を入れて場合わけしたときの論理関数の出力を二分木で表現している．図 4.6 のように完全二分木で表現した BDD を順序付き二分決定図 (Ordered BDD; OBDD) と呼ぶ．これに対し，以下の操作で簡約化した

4.5 論理関数の表現方法　　49

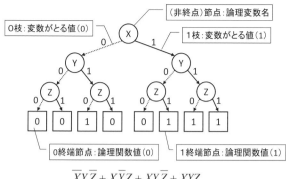

図 4.6　順序付き二分決定図 (OBDD) の例

BDD を既約順序付き二分決定図 (Reduced ordered BDD;ROBDD) という．図 4.7 に ROBDD の例を示す．簡約化の手順は以下の通り．

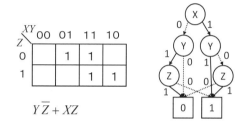

図 4.7　カルノー図と既約順序付き二分決定図 (ROBDD) の例

1. 冗長なノードを削除する
2. 等価な部分グラフを共有する
3. 上記の 2 つの操作が適用できなくなるまで行う

　簡約化の手順の例を図 4.8 に示す．この例では等価な部分グラフの共有化を行い，その後，冗長なノードを削除している．また，終端ノードも共有化している．簡約化はどの部分から行っても最終的な結果は同じになる．よって，簡約化できなくなるまで実施すると，それはその論理関数に対する一意の表現（標準形）となる．これは論理関数の等価性判定を容易に行えるという利点になる．しかし，変数の順番によってグラフの形やサイズが大きく異なる場合があり，厳密な最小化は大変時間のかかる問題である．

　一般に BDD といえばこの ROBDD を指す．また，図 4.8，図 4.7 から分かるように，OBDD は真理値表と等価だが，ROBDD はカルノー図で簡単化した後の論理関数と同じのように OBDD を簡単化した後の非常にコンパクトに圧縮したグラフになる．このため，コンピュータ等で論理関数を扱うのに適した表現方法といえる．

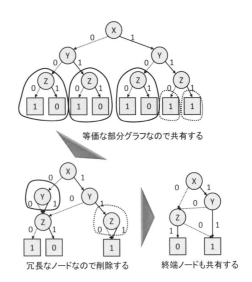

図 4.8 二分決定図の簡約化

[4章のまとめ]

この章の前半は論理式について以下のことを学んできました．

- 論理変数そのものとその否定を総称してリテラルという．
- 複数のリテラルの AND だけでできた項を論理積項，OR だけでできた項を論理和項という．
- 複数個の論理積項を OR だけで結んだ論理式を積和形 (SoP) といい，複数の論理和項を AND だけで結んだ論理式を和積形 (PoS) という．
- すべてのリテラルが 1 つずつ含まれる論理積項を最小項といい，すべてのリテラルが 1 つずつ含まれる論理和項を最大項という．
- 標準積和形（主加法標準形）は最小項の OR，標準和積形（主乗法標準形）は最大項の AND．

後半は，論理式以外の論理関数を表現する方法として，真理値表，カルノー図，二分決定図について説明しました．その特徴をまとめると以下のようになります．

[論理式]
- 変数が多くても簡単に表現できる
- 標準形以外は同一性の判定は困難
- 論理式の簡単化が困難

[真理値表]
- 直感的で分かりやすい
- 変数が多いと無駄な部分が多く，表が長大になる

[カルノー図]

- （慣れれば）直感的で分かりやすい
- 論理式の簡単化に向いている
- 変数が多いと表現しにくい

[二分決定図]

- 変数が多くても簡単に表現できる
- 計算機処理に向いている（データ量が少ない）
- 同一性の判定が容易

　このように論理関数を表現する方法は複数あります．それぞれ一長一短あり，適切に使い分けていくことが大切です．また，より複雑なディジタル回路を設計するときには，ブーリアンネットワークという多段論理を表現する方法もあります．これで論理代数についての説明は終わりです．次章からはいよいよ論理回路の基礎に入ります．

52　4章　論理関数の表現 1

4章　演習問題

[A. 基本問題]

問 4.1 以下の論理式を標準積和形にしなさい.
(1) $X \cdot \overline{Y} + \overline{\overline{Y} + \overline{Z}}$　(2) $\overline{X + Y} \cdot (\overline{Y} + Z)$　(3) $X \cdot Y + \overline{X + Z}$

問 4.2 以下の論理式を標準和積形にしなさい.
(1) $(X + \overline{Y}) \cdot (Y + Z)$　(2) $\overline{X \cdot \overline{\overline{Y}} \cdot Z}$　(3) $X \cdot Y + Z$

問 4.3 以下の論理式の真理値表を示しなさい.
(1) $\overline{X} + \overline{Y} \cdot Z$　(2) $X \cdot \overline{Y} + \overline{Z}$　(3) $(X + \overline{Y}) \cdot Z$

問 4.4 以下の論理式のカルノー図を示しなさい.
(1) $\overline{X + Y \cdot \overline{Y} + Z}$　(2) $(X + Y) \cdot \overline{\overline{Y} + \overline{Z}}$　(3) $\overline{X \cdot (Y + Z)}$

問 4.5 以下の論理式の BDD（ROBDD）を示しなさい.
(1) $X \cdot Y \cdot Z$　(2) $X + Y + Z$　(3) $X \cdot \overline{Y} + \overline{X} \cdot Y$

[B. 応用問題]

問 4.6 以下の標準積和形の論理式を標準和積形に変形しなさい.
(1) $X \cdot \overline{Y} + \overline{X} \cdot Y$
(2) $X \cdot \overline{Y} \cdot \overline{Z} + X \cdot \overline{Y} \cdot Z + \overline{X} \cdot Y \cdot Z + X \cdot Y \cdot Z$

問 4.7 以下の標準和積形の論理式を標準積和形に変形しなさい.
(1) $(\overline{X} + Y) \cdot (X + \overline{Y})$
(2) $(\overline{X} + Y + Z) \cdot (X + Y + Z) \cdot (\overline{X} + \overline{Y} + \overline{Z}) \cdot (\overline{X} + Y + \overline{Z})$

問 4.8 以下のカルノー図から ROBDD を作成しなさい.

Z＼^{XY}	00	01	11	10
0	1	1		1
1	1			

[C. 発展問題]

問 4.9 任意の論理関数の標準積和形を標準和積形に変換する，または標準和積形を標準積和形に変換する方法を説明しなさい.

問 4.10 ROBDD を作成する方法として，真理値表に相当する二分決定図（二分木）を簡約化する方法は，常に指数オーダのメモリ量と処理時間がかかってしまう．実用的には論理式から ROBDD を直接生成するアルゴリズムが存在する．そのアルゴリズムについて調べなさい.

4章　演習問題解答

[A. 基本問題]

問 4.1 解答

(1) $X \cdot \overline{Y} \cdot Z + X \cdot \overline{Y} \cdot \overline{Z} + \overline{X} \cdot \overline{Y} \cdot Z$

(2) $\overline{X} \cdot \overline{Y} \cdot Z + \overline{X} \cdot \overline{Y} \cdot \overline{Z}$

(3) $X \cdot Y \cdot Z + X \cdot Y \cdot \overline{Z} + \overline{X} \cdot Y \cdot \overline{Z} + \overline{X} \cdot \overline{Y} \cdot \overline{Z}$

問 4.2 解答

(1) $(X + \overline{Y} + Z) \cdot (X + \overline{Y} + \overline{Z}) \cdot (X + Y + Z) \cdot (\overline{X} + Y + Z)$

(2) $(\overline{X} + \overline{Y} + Z) \cdot (\overline{X} + \overline{Y} + \overline{Z}) \cdot (\overline{X} + Y + Z)$

(3) $(X + Y + Z) \cdot (X + \overline{Y} + Z) \cdot (\overline{X} + Y + Z)$

問 4.3 解答

(1)

X	Y	Z	f
0	0	0	1
0	0	1	1
0	1	0	1
0	1	1	1
1	0	0	0
1	0	1	1
1	1	0	0
1	1	1	0

(2)

X	Y	Z	f
0	0	0	0
0	0	1	0
0	1	0	0
0	1	1	0
1	0	0	0
1	0	1	1
1	1	0	0
1	1	1	0

(3)

X	Y	Z	f
0	0	0	0
0	0	1	1
0	1	0	0
0	1	1	0
1	0	0	0
1	0	1	1
1	1	0	0
1	1	1	1

問 4.4 解答

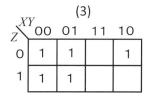

問 4.5 解答

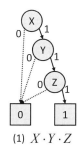
(1) $X \cdot Y \cdot Z$

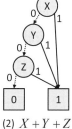
(2) $X + Y + Z$

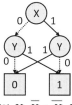
(3) $X \cdot \overline{Y} + \overline{X} \cdot Y$

[B. 応用問題]

問 4.6 解答

(1) $X \cdot \overline{Y} + \overline{X} \cdot Y = (X \cdot \overline{Y} + \overline{X}) \cdot (X \cdot \overline{Y} + Y) = (X + \overline{X}) \cdot (\overline{X} + \overline{Y}) \cdot (X + Y) \cdot (Y + \overline{Y}) = (X + Y) \cdot (\overline{X} + \overline{Y})$

(2) $(X + Y + Z) \cdot (X + \overline{Y} + Z) \cdot (\overline{X} + \overline{Y} + Z) \cdot (X + Y + \overline{Z})$

問 4.7 解答

(1) $(\overline{X}+Y)\cdot(X+\overline{Y}) = X\cdot(\overline{X}+Y)+\overline{Y}\cdot(\overline{X}+Y) = X\cdot\overline{X}+X\cdot Y+\overline{X}\cdot\overline{Y}+Y\cdot\overline{Y} = X\cdot Y+\overline{X}\cdot\overline{Y}$

(2) $\overline{X}\cdot\overline{Y}\cdot Z+\overline{X}\cdot Y\cdot\overline{Z}+\overline{X}\cdot Y\cdot Z+X\cdot Y\cdot\overline{Z}$

問 4.8 解答

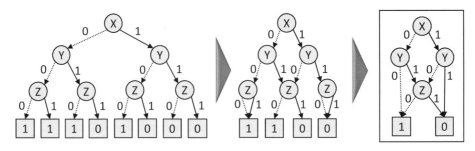

[C. 発展問題]

問 4.9 略解

(1) 二重否定とド・モルガンの定理を用いる方法．例として標準積和形を標準和積形に変形する場合を考える．まず，標準積和形の論理式の二重否定をとり，その内側の否定をド・モルガンの定理で展開する．その後，最上位の否定の中で展開した論理式は，二項以上に跨る否定や括弧等を外し，積和形まで変形する．そして，最後に最上位の否定をド・モルガンの定理で外す．以下に例を示す．

$$F = \overline{X}\cdot\overline{Y}+X\cdot Y$$
$$F = \overline{\overline{F}}$$
$$\overline{F} = \overline{\overline{X}\cdot\overline{Y}+X\cdot Y} = \overline{\overline{X}\cdot\overline{Y}}\cdot\overline{X\cdot Y}$$
$$= \overline{(X+Y)\cdot(\overline{X}+\overline{Y})}$$
$$= \overline{X\cdot(X+Y)+\overline{Y}\cdot(X+Y))}$$
$$= \overline{X\cdot X+\overline{X}\cdot Y+X\cdot\overline{Y}+Y\cdot\overline{Y}}$$
$$= \overline{\overline{X}\cdot Y+X\cdot\overline{Y}} = \overline{\overline{X}\cdot Y}\cdot\overline{X\cdot\overline{Y}}$$
$$= (X+\overline{Y})\cdot(\overline{X}+Y)$$

標準和積形から標準積和形への変形も同様である．

(2) カルノー図を用いる方法．標準積和形はカルノー図上の "1" のラベル（最小項）を論理和で結んだ式である．標準和積形はカルノー図上の "0" のラベル（最大項）を論理積で結んだ式である．したがって，カルノー図を用いれば，どちらからの変換も自在に行える（詳細省略）．

問 4.10 略解

論理式から ROBDD を生成するアルゴリズムは下記の論文で示されている．

Randal E. Bryant. "Graph-Based Algorithms for Boolean Function Manipulation". IEEE Transactions on Computers, C-35(8):677-691, 1986.

5章 論理関数の表現2
── ゲートを用いた論理表現 ──

[ねらい]

　本章では，論理代数という数学の世界から，いよいよ論理回路の設計という工学の世界に入っていきます．論理回路は AND や OR などの論理演算子を論理ゲートという論理素子で表現します．ここでは，まず始めに "論理関数" を回路として表現するための論理ゲートとその特徴について学びます．

　また，これまで論理代数で学んできた内容が論理回路だとどうなるのかなど，論理関数と論理回路の関係についても整理します．さらに，論理ゲートの種類，論理回路の双対性，論理関数集合の万能性についても解説します．

[事前学習]

　P.57 「基本論理ゲート」と P.58 「その他の論理ゲート」はよく読んでおいてください．余力のある人は P.63 「万能論理関数集合」を読んでその意味を考えてみてください．

[この章の項目]

基本論理ゲート，組合せ回路，万能論理関数集合，AND ゲート，OR ゲート，NOT ゲート，NAND ゲート，NOR ゲート，XOR ゲート，XNOR ゲート，シェファー，パース，多入力論理ゲート

5.1 論理ゲート

何かのモノの原材料を考えるとき，その構成要素を分解していくと限りなく細分化されるが，どこまで行っても終わりがない．たとえば，箪笥は，木の板と釘などから作られるが，木の板は植物の細胞からなり，さらに分解すれば炭素や酸素，窒素などの原子である．もちろん，釘は鉄などの原子からできている．さらに原子を分解すれば陽子，電子，中性子に分かれ，それらも素粒子に分解される．

しかし，そのモノを作る場合はどうだろうか．素粒子から箪笥は作れるかといえば，それは（現在の科学では）無理である．では，原子からはどうか．これも無理そうだ．では，ばらばらになっている植物の細胞からはどうか．かなり近づいたがまだ難しそうである．つまり，モノを作るときには適切な材料で作らなければ上手くいかない．箪笥は木の板という単位で作るからできるのであって，それ以下の単位で作ることは難しいのである．

▶[分解していくと…]
これはいわゆる還元主義である．デカルト以来の要素還元主義・分析主義は，下部構造を理解すれば上位の複雑な事象を説明できるという考え方．

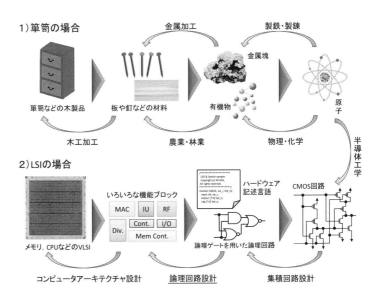

図 **5.1** LSI は何からできているのか？

では，次に大規模集積回路 (Large-Scale Integrated circuit; LSI) の場合について考えてみよう．LSI は何から作られているのだろうか．図 5.1 に示すように，プロセッサなどの LSI は，もちろんパッケージのプラスチックや入出力信号の金属ピンなどもその構成要素ではあるが，機能を決めているのは内部の半導体の回路である．その回路は，メモリや演算器などの機能ブロックからなり，その機能ブロックは論理回路そのものである．論理回路は論理素子からなり，その論理素子は電界効果トランジスタなどの半導体素子からなる．トランジスタは N 型半導体と P 型半導体からなり，それらの半導体はシリコンやリン，ホウ素などの原子からなる（以下略）．

つまり，箪笥の例を考えると，プロセッサを作ろうと思えばメモリや演

算器からなら簡単そうである．その演算器（論理回路）は論理素子から作ればよい．ここで問題はその論理素子とは何かということである．これまで論理代数を用いて論理関数を構築してきた．論理関数は論理式で表現し，その本質は論理変数と論理演算であった．その演算子こそが論理素子にあたる．すなわち，論理回路を設計する単位は，論理演算子と等価な論理素子を用いるのが良さそうということになる．これが論理ゲートである．

　本章では，論理回路の構成要素である論理ゲートについて解説し，それらを用いた論理回路（これを組合せ回路という）について学ぶ．論理回路の設計法については，ここでは触れず 6 章で説明することとする．

基本論理ゲート

　これまで論理代数では，基本論理演算子として論理積 (AND)，論理和 (OR)，否定 (NOT) の 3 つを用いて表現してきた．論理ゲートは論理回路を設計するときの最小単位の部品であるから，論理ゲートも同様に表 5.1 に示した AND ゲート，OR ゲート，NOT ゲートを基本論理ゲートとして扱う．このように論理演算子と論理ゲートは一対一で対応が取れているが，これは単なる記号の置き換えではなく，論理ゲートは物理的なトランジスタ回路として存在していることに意味がある．

表 5.1　基本演算子と基本論理ゲート

論理演算子	論理ゲート	回路図記号
論理否定 (NOT)	NOTゲート	
論理積 (AND)	ANDゲート	
論理和 (OR)	ORゲート	

　では，各ゲートについてもう少し詳しくみていくことにする．

NOT ゲート

　NOT ゲートは，1 入力 1 出力の論理回路でインバータともいわれる．図 5.2 に示すように入力 A に対して，出力 O は入力の否定という論理式を実現する回路となる．すなわち，入力 A が論理値の '1' なら出力 O は論理値の '0' を出力し，入力 A が論理値の '0' なら出力 O は論理値の '1' を出力する．このとき，論理値の '1' と '0' が何を意味するかは，実装上の定義による．一般的なディジタル回路では，電圧の高い方を論理値の '1' とし，低い方を '0' とする．これを正論理 (Active high) という．逆の場合を負論理 (Active low) といい，こちらも実回路上ではしばしば使われる．本書では混乱を避けるために正論理しか扱わない．また，NOT ゲートの記号の意味は，元々，三角形がバッファ（増幅器）を表し，○印が否定を意味する．

▶ [論理ゲート記号]
　ここでは世界で広く使われている MIL 論理記号 (MIL-STD-806, ANSI/IEEE Std 91, JIS X 0122) を回路図記号として用いる．JIS（日本工業規格）では，1999 年に IEC60617 で国際標準化された新記号 (JIS C 0617) に移行している．新旧の対応表は巻末 (P.207) に載せるので参照のこと．

▶ [正論理と負論理]
　正論理と負論理の違いは定義が違うだけで論理的には等価である．なので本質的な違いはない．また，論理ゲートも同じものを使うことができる．では，何が違うかというと実装上の電気的な特性の違いによる．つまり，TTL (Transitor-Transistor Logic) IC 時代では，論理を構成するバイポーラトランジスタは，電圧が低い状態では電流が流れ続けることになるので，この状態が長く続くと必然的に消費電力は高くなる．逆に電圧が高い状態は電流が流れていないので消費電力は低い．'1' と '0' の状態が均一，つまり，偏りなく同じ比率なら違いはないが，その比率が異なれば話は違う．比率の高い方を電力を食わない '1' とする方が有利である．簡単にいうと，たまにしか ON にならないなら，ON を電圧の低い状態とするのが負論理である．また，バスなどは，無信号の状態ではプルアップ抵抗で '0' のときは High に吊っておいて，'1' のときに Low にドライブする方が，しきい値と信号レベルとの差を大きく取れるため，ノイズマージンの観点から有利という背景もあったが，現在主流の CMOS IC ではその差はない．

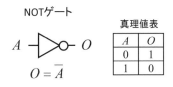

図 5.2　NOT ゲート

AND ゲート

AND ゲートは，2 入力 1 出力の論理回路である．図 5.3 に示すように入力 A, B に対して，出力 O は A と B の論理積を出力する論理回路である．すなわち，A および B の入力が '1' のとき，出力 O は '1' を出力し，それ以外では '0' を出力する．基本論理演算の論理積が二項演算であるから，AND ゲートも 2 入力になっているが，実際の論理回路では 3 入力以上の AND ゲートも使われる．

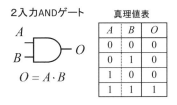

図 5.3　AND ゲート

OR ゲート

OR ゲートも，2 入力 1 出力の論理回路である．図 5.4 に示すように入力 A, B に対して，出力 O は A と B の論理和を出力する論理回路である．すなわち，A および B の入力が '0' のとき，出力 O は '0' を出力し，それ以外では '1' を出力する．AND ゲートと同じく基本論理演算の論理和が二項演算であるから 2 入力になっているが，実際の論理回路では 3 入力以上の OR ゲートも使われる．

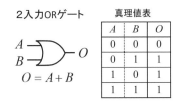

図 5.4　OR ゲート

その他の論理ゲート

ここでは基本論理ゲート以外でよく使われる論理ゲートについて述べる．ここで説明する論理ゲートは，これまでは基本論理演算を用いた論理関数として表現されているが，実用的な論理回路を設計するうえで有用であり，かつ，集積回路的な観点からもコンパクトに実現できることから，独立した論理ゲートとして広く使われている．

NANDゲート

NANDゲートは，2入力1出力の論理回路である．否定論理積ゲートともいわれる．図5.5に示すように入力 A, B に対して，出力 O は A と B の論理積の否定を出力する論理回路である．すなわち，A および B の入力が '1' のとき，出力 O は '0' を出力し，それ以外では '1' を出力する．実際の論理回路では3入力以上のNANDゲートも使われる．また，論理式上では，否定論理積演算子として，シェファー（'|' または '↑', Sheffer stroke）を用いて表現されることもある．

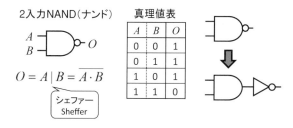

図 **5.5** NANDゲート

▶[否定論理積演算 (NAND)]
この記号は，1913年にヘンリー・シェファー（Henry M. Sheffer, 1882-1964, アメリカの論理学者）がNANDとNORだけが2変数の万能論理（これについて後述）であることを再発見したことに由来する．NORについては，1880年頃にCharles Sanders Peirceが発見したとされている．

NORゲート

NORゲートは，2入力1出力の論理回路である．否定論理和ゲートともいわれる．図5.6に示すように入力 A, B に対して，出力 O は A と B の論理和の否定を出力する論理回路である．すなわち，A および B の入力が '0' のとき，出力 O は '1' を出力し，それ以外では '0' を出力する．実際の論理回路では3入力以上のNORゲートも使われる．また，論理式上は，否定論理和演算子として，パース（'↓', Peirce arrow）を用いて表現されることもある．

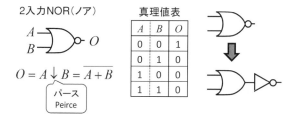

図 **5.6** NORゲート

▶[否定論理和演算 (NOR)]
この記号は，NANDゲートの注釈で述べた通りHenry M. Sheffer以前にNORの万能論理であることを発見したチャールズ・サンダース・パース（Charles Sanders Peirce, 1839-1914, アメリカの哲学者，論理学者，数学者）に由来する．

XORゲート

XORゲートは，2入力1出力の論理回路である．排他的論理和ゲートともいわれる．図5.7に示すように入力 A, B に対して，出力 O は A と B が等しいときは '0' を出力し，異なるときは '1' を出力する．実際の論理回路では3入力以上のXORゲートも使われる．論理式上の排他的論理和演算子は，⊕記号を用いる．

▶[排他的論理和演算 (XOR)]
Exclusive OR の略．EXORとも書く．読み方は「いくすくるーしぶ おあ」である．

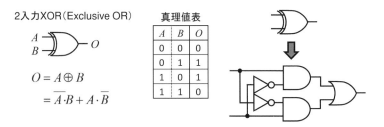

図 5.7　XOR ゲート

XNOR ゲート

最後は XNOR ゲートである．これも 2 入力 1 出力の論理回路である．否定排他的論理和ゲートともいわれる．図 5.8 に示すように入力 A, B に対して，出力 O は A と B が等しいときは '1' を出力し，異なるときは '0' を出力する．実際の論理回路では 3 入力以上の XNOR ゲートも使われる．

図 5.8　XNOR ゲート

▶[否定排他的論理和演算 (XNOR)]
論理的には Not Exclusive OR なので NXOR と表記すべきかもしれない（実際，そのような表記もある）．しかし，NOR を排他的にしたと考えると XNOR でも矛盾はしない．さらに，別名で排他的論理積 (XAND) という表記もあるが，さすがにこれはあまり使われていない．理屈は XNOR と変わらないので成り立つと思うが…．要は「排他的 (exclusive)」なのは何かの問題で，これは完全に国語的な話なのでこれ以上は追及しないことにする．

論理ゲートの種類

さて，これまで AND や OR の基本ゲート，NAND, NOR, XOR, XNOR など一般に使われているゲートについて説明してきた．では，いったい何種類のゲートが存在するのであろうか．ここでは 2 入力ゲートに絞って考えていく．

結論からいうと，2 入力論理ゲートは前節までに説明した 6 種類しかない．1 入力の NOT ゲートを入れて全部で 7 種類のゲートを用いて設計することになる．LSI 設計においては複数のゲートを結合した複合ゲートとして用いることはあるが，単独の 3 入力以上の論理ゲートも基本的にこの 6 種類しかない．しかし，2 変数の論理関数として考えた場合，入力値の組合せは $2^2 = 4$ 通りあることから，関数値は 4 つ持つことになる．では，その関数値の組合せはいくつあるかというと，同様に $2^4 = 16$ 通りになる．つまり，2 変数の論理関数は，全部で 16 種類存在し，その中でゲートとして存在するのが 6 種類ということになる．これら 16 種類の 2 変数論理関数を列挙すると表 5.2 のようになる．

表中の f_0 と f_{15} は入力変数に依存しない関数（定数）である．f_3 と f_5 は片方の入力変数そのものが出力される．同様に f_{10} と f_{12} は片方の入力変数の否定が出力される関数である．

表 5.2 すべての 2 変数論理関数

関数	入力 (x, y) に対する関数値				演算を表す論理式	演算の通称
	(0, 0)	(0, 1)	(1, 0)	(1, 1)		
f_0	0	0	0	0	0	恒偽（inconsistency）
f_1	0	0	0	1	$x \cdot y$	AND
f_2	0	0	1	0	$x \cdot \overline{y}$	
f_3	0	0	1	1	x	
f_4	0	1	0	0	$\overline{x} \cdot y$	
f_5	0	1	0	1	y	
f_6	0	1	1	0	$x \oplus y$	XOR
f_7	0	1	1	1	$x + y$	OR
f_8	1	0	0	0	$\overline{x + y} = x \downarrow y$	NOR
f_9	1	0	0	1	$\overline{x \oplus y}$	XNOR, 同値（equivalence）
f_{10}	1	0	1	0	$\overline{y}$	NOT
f_{11}	1	0	1	1	$x + \overline{y}$	
f_{12}	1	1	0	0	$\overline{x}$	NOT
f_{13}	1	1	0	1	$\overline{x} + y$	
f_{14}	1	1	1	0	$\overline{x \cdot y} = x \mid y$	NAND
f_{15}	1	1	1	1	1	恒真（tautology）

　一般化すると n 変数論理関数の総数は，2^{2^n} 種類あり，表 5.3 に示すよ
うに入力変数が多くなると爆発的に増えるという特徴がある．

表 5.3 n 変数論理関数の総数

変数の数 n	0	1	2	3	4	5	6
関数の数 2^{2^n}	2	4	16	256	65,536	4,294,967,296	18,446,744,073,709,551,616

　この表を見ると，6 入力ゲートなどを考えると天文学的種類が出現し，も
はや現実的なものとして考えることができなくなる．しかし，実際はその
ようなことにはならない．なぜなら，2 入力論理ゲートを最小単位として，
それらを組み合せた回路で表現するからである．すなわち，それこそが論
理回路設計といえる．

5.2　論理関数と論理回路

　論理式で表現された論理関数を基本論理ゲートで書き換えると組合せ回
路になる．具体的には各論理ゲートを信号線で接続し，入力信号（入力変
数）から出力信号（出力変数）まで結線された一つの図を作ることである．
これを回路図という．たとえば，図 5.9 の例では，$Q_0 = D_3 + \overline{D_2} \cdot D_1$ と
$Q_1 = D_3 + D_2$ という論理式を回路図にしたものである．

　この例では 3 つの入力信号 (D_1, D_2, D_3) から 2 つの出力信号 (Q_0, Q_1) を
生成する組合せ回路になっている．この回路はプライオリティ・エンコー
ダという名がついているが，この回路がどのように設計されたかについて
は 9 章で説明する．ここでは組合せ回路とは何かを理解してほしい．

　作図上の注意として，以下の項目は最低限守ってほしい．

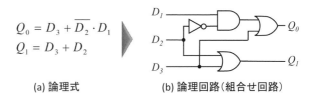

(a) 論理式　　　　(b) 論理回路（組合せ回路）

図 5.9　組合せ回路の例

- 原則として，入力信号は図面の左側，出力信号は右側

  つまり，左から右に向かって信号が進むように書く．信号の流れを上下で書く場合は，上が入力で下が出力になる．一般的には，電源電圧の正極は上側，グランドは下側である．また，フィードバックループなどがある場合は，右から左に信号が進むように書かれる場合もある．

- ゲート間を接続する信号線は実線で描き，水平か垂直の線のみ使用

  原則として，曲線，斜めの直線は使用しない．点線は特別な意味を持つので，信号線としては使用しない．

- 信号線が交差する場合，接続されている場合は黒丸（●）を交点に描き，非接続交線は何も描かない

  図 5.9 の例では，信号 D_2 はすぐに分岐して NOT ゲートと OR ゲートに入力されているが，この分岐も黒丸で接続されていることを示している．また，Q_1 を出力する OR ゲートの入力側では，信号 D_3 から分岐した信号は接続されているので黒丸が描かれているが，D_2 からの信号線と交差しているところは非接続であるので何も描かれない．

組合せ回路は，ある時刻の出力信号がその時刻の入力信号だけで決定する回路である．厳密には時間的要素も考慮しなければ実用的な回路が設計できないのだが，ここでは論理的に回路を構成することのみに注力する．論理回路には，この組合せ回路と記憶素子を組み合せて作る順序回路というものもあるが，これについては 11 章で説明する．

論理関数が様々な式で表現できたように，組合せ回路も同じ動作の回路を様々なゲートで構成することができる．しかし，論理関数と異なる点は，組合せ回路は目的をもって設計される点である．たとえば，できるだけ少ないゲート数で実現したいとか，NAND ゲートだけで実現したいとかである．また，使えるゲートの種類に制限がある場合もある．そのときには，論理ゲートの組合せを変更してその制約に合った設計が必要になる．このように論理回路の設計は，論理関数より複雑な条件や制約のもとに目的を達成する回路を構築することが重要になる．

論理回路の双対性

3.2 節では論理代数における双対関数について説明してきた．双対関数とは，「すべての変数の否定をとり，かつ論理関数全体に否定を施した関

▶[グランド]
別名，接地．GND とも書く．ここではグラウンド電位を意味し，これは電子回路における基準電位点のことである．一般的には電圧の 0(V) を指す．

▶[フィードバックループ]
回路の接続形態の一つで，出力端の信号が再び入力信号として用いられる結線を指す．

数」であった．論理積の双対は論理和になり，論理和の双対は論理積になるわけである．では回路的にはどうなるのというと，当然，AND ゲートの双対は OR ゲートになり，その逆も成り立つ．まとめると図 5.10 のようになる．

$$f = A \cdot B, \quad f^d = \overline{\overline{A} \cdot \overline{B}} = A + B$$

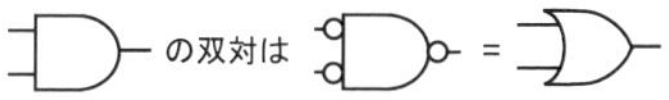

の双対は =

$$f = A + B, \quad f^d = \overline{\overline{A} + \overline{B}} = A \cdot B$$

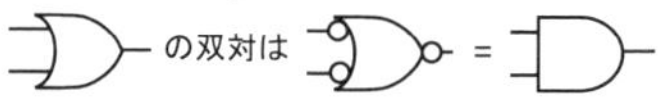

の双対は =

$$f = A \,|\, B, \quad f^d = \overline{\overline{A} \,|\, \overline{B}} = \overline{\overline{A} \cdot \overline{B}} = \overline{A + B} = A \downarrow B$$

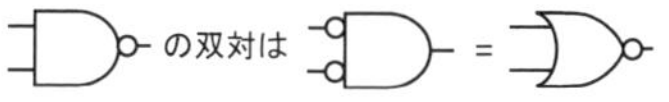

の双対は =

$$f = A \downarrow B, \quad f^d = \overline{\overline{A} \downarrow \overline{B}} = \overline{\overline{A} + \overline{B}} = \overline{A \cdot B} = A \,|\, B$$

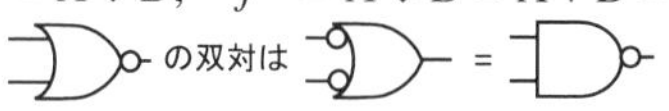

の双対は =

$$f = A \oplus B, \quad f^d = \overline{\overline{A} \oplus \overline{B}} = \overline{\overline{A} \cdot \overline{B} + A \cdot \overline{\overline{B}}} = \overline{\overline{A} \cdot \overline{B} + A \cdot B}$$

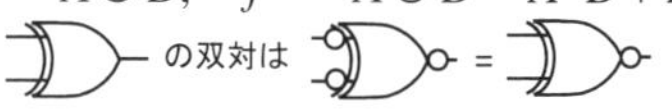

の双対は =

$$f = \overline{A \oplus B}, \quad f^d = \overline{\overline{\overline{A} \oplus \overline{B}}} = \overline{A} \oplus \overline{B} = A \cdot \overline{B} + \overline{A} \cdot B = A \oplus B$$

の双対は =

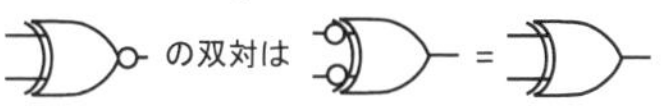

図 **5.10** 論理ゲートの双対

　ここで○印は NOT を表す．AND ゲートと OR ゲートの関係だけではなく，NAND ゲートと NOR ゲート，XOR ゲートと XNOR ゲートもお互いに双対であることがわかる．また，NOT ゲートは自己双対である．このように非常に美しい構造が見てとれる．双対の関係は，まるでコインの裏と表のようなもので，同じものに対して見ている方向がちがうということを分かっていただけるだろうか．

万能論理関数集合

　与えられた論理演算の集合で，任意の論理関数を実現できるとき，その集合は万能 (universal) あるいは完全 (complete) という．

　これまでに論理代数では，

$$F_0 = \{\mathrm{NOT}, \mathrm{AND}, \mathrm{OR}\}$$

が万能であることを示した．では，他にはどんな集合が万能だろうか？

　じつは，万能論理関数集合はたくさんある．たとえば，AND と OR の双対性から，図 5.10 に示したように，AND は NOT と OR で表現でき，OR は NOT と AND で表現できる．つまり，

$$F_1 = \{\mathrm{NOT}, \mathrm{AND}\}$$

$$F_2 = \{\text{NOT}, \text{OR}\}$$

の2つの集合も万能である．さらに，

$$F_3 = \{\text{NAND}\}$$
$$F_4 = \{\text{NOR}\}$$

の2つの集合も万能である．

ここでは F_3 と F_4 が万能であることを説明する．万能であることを示すには，これまで万能であることがわかっている集合のすべての要素が表現できることを示せばよい．NAND の場合は図 5.11(a) のように，NAND ゲートの入力に同じ信号を入力すれば NOT ゲートになり，NAND ゲートの出力側に入力が同じ NAND ゲート（すなわち，NOT ゲートと同じ）を接続すると AND ゲートと等価になる．OR ゲートは，NAND ゲートの入力側に同一入力の NAND ゲート（NOT ゲート）を接続する．こうするとド・モルガンの定理から OR ゲートになる．NOR の場合は同じく (b) のようになる．そして，それぞれをゲートで表現すると，図 5.12 のように描け，これで F_3 も F_4 も F_0 を実現できたのでそれぞれ万能である．

$f = A|B$ とする．　　　　　　　　　$f = A \downarrow B$ とする．
$A = B$ のとき，$f_{not} = \overline{A \cdot A} = \overline{A}$ （NOT）　　$A = B$ のとき，$f_{not} = \overline{A + A} = \overline{A}$ （NOT）
$f_{and} = \overline{\overline{A|B}} = \overline{\overline{A \cdot B}} = A \cdot B$ （AND）　　$f_{and} = \overline{A \downarrow B} = \overline{\overline{A} + \overline{B}} = A \cdot B$ （AND）
$f_{or} = \overline{A}|\overline{B} = \overline{\overline{A} \cdot \overline{B}} = A + B$ （OR）　　$f_{or} = \overline{A} \downarrow \overline{B} = \overline{\overline{A} + \overline{B}} = A + B$ （OR）

(a) NAND 演算による F_0 の実現　　　　**(b) NOR 演算による F_0 の実現**

図 **5.11** NAND 演算，NOR 演算の万能性

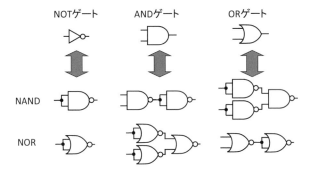

図 **5.12** NAND ゲート，NOR ゲートによる F_0 の実現

他には，

$$F_5 = \{\text{XOR}, 1, \text{AND}\}$$
$$F_6 = \{\text{XOR}, 1, \text{OR}\}$$

なども万能論理関数集合である．これらの集合を用いて「与えられた論理関数を，いずれかの形式の論理回路として設計（合成）する」ことをテクノロジマッピングという．これについては 8.5 節で詳細を述べる．

ある論理関数集合が万能（完全）であることを示すには，先に説明したように，たとえば万能である NAND を作れることを示せばよい．しかし，万能ではないことを示すのは，じつは簡単ではない．これについては本書の範囲を逸脱するので，これ以上の深入りはしない．気になる人は，参考文献 4) あたりを参照のこと．

多入力論理ゲート

基本論理ゲートのところでも述べたが，3 入力以上の AND ゲートや OR ゲートを多入力論理ゲートという．多入力論理ゲートは図 5.13 に示すように 2 入力論理ゲートを複数個組合せて実現したものと論理的に等価である．

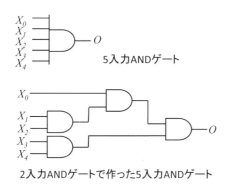

図 **5.13** 多入力論理ゲートの例

▶[トランジスタレベルで最適化されたゲート]
これをセル・ライブラリという．LSI を設計する際に用いられるライブラリは，LSI の製造プロセスに依存し最適化されたゲート，複合ゲート，演算器やメモリのようなマクロセルなど，多くの機能ブロックからなる．たとえば，同じ AND ゲートでも入力数の違いや出力のドライブ能力によって複数種類用意され，それらを適切に使って設計することが求められる．

これは一種の組合せ回路としてみなすこともできる．しかし，実際の LSI を設計する場合は，ほとんどの場合で 2 入力 AND ゲートを 2 つ使って 3 入力 AND ゲートを作ることはしない．2 入力 AND ゲートと同様に 3 入力 AND ゲートもトランジスタレベルで最適化されたゲートとして設計され，それを使うことになる．したがって，このような多入力論理ゲートは，基本論理ゲートと同じ扱いでよい場合が多い．そうかといって無軌道に 100 入力 AND ゲートなどが用意されることはないので，LSI 製造上で適切な入力サイズのゲートを組み合せて使うことも必要である．本書では特に断らない限り多入力論理ゲートを 2 入力論理ゲートと同じ扱いとする．

［5 章のまとめ］

この章では論理回路を設計する基本的な単位として論理ゲートについて以下の事柄を学んできました．

- 論理ゲートは，基本論理ゲートとして NOT ゲート，AND ゲート，OR ゲートがある．
- 他にも NAND ゲート，NOR ゲート，XOR ゲート，XNOR ゲートなどが実際の設計では使われる．

- 論理関数を論理ゲートを用いて構築すると組合せ回路になる.
- 論理代数と同様にそれぞれ論理ゲートも双対の関係があり,

$$\text{AND ゲート} \Leftrightarrow \text{OR ゲート}$$
$$\text{NAND ゲート} \Leftrightarrow \text{NOR ゲート}$$
$$\text{XOR ゲート} \Leftrightarrow \text{XNOR ゲート}$$
$$\text{NOT ゲート} \Leftrightarrow \text{NOT ゲート（自己双対）}$$

となっている.
- 2入力論理関数は 16 種類ある.
- 万能論理関数集合としては,

$$F_0 = \{\text{NOT}, \text{AND}, \text{OR}\}$$
$$F_1 = \{\text{NOT}, \text{AND}\}$$
$$F_2 = \{\text{NOT}, \text{OR}\}$$
$$F_3 = \{\text{NAND}\}$$
$$F_4 = \{\text{NOR}\}$$
$$F_5 = \{\text{XOR}, 1, \text{AND}\}$$
$$F_6 = \{\text{XOR}, 1, \text{OR}\}$$

などがある.
- 多入力論理ゲートも, 一種の組合せ回路だが, 2入力論理ゲートと同じように使われる.

このように論理ゲートは論理回路を設計する上で基本的な素子として利用されます. では, これらをうまく使って論理回路を作るにはどうすればいいのでしょうか？その答えは次章以降に説明します. まずは, 次章で組合せ回路の設計法を学び, その後, 順序回路に進みます.

5章 演習問題

[A. 基本問題]

問 5.1 以下の論理式に対する基本論理ゲートを用いた回路図を示しなさい.

(1) $O = \overline{X \cdot Y + Z}$ (2) $O = \overline{X + Y} \cdot (\overline{Y} + Z)$ (3) $O = X \cdot \overline{\overline{Y} \cdot Z}$

問 5.2 以下の論理式に対する回路図を示しなさい. 作図にはすべての論理ゲートを用いてよい.

(1) $O = \overline{\overline{X} \cdot \overline{Y} + Z}$ (2) $O = \overline{(X \oplus Y) + (Y \cdot Z)}$ (3) $O = \overline{\overline{X} \oplus \overline{Y} \cdot Z}$

問 5.3 以下の論理式に対する双対関数を求め, 回路図で示しなさい.

(1) $O = \overline{X + Y} \cdot \overline{Z}$ (2) $O = X \cdot Y + \overline{X} \cdot \overline{Y} + Z$ (3) $O = (\overline{X} + \overline{Y}) \cdot Z$

[B. 応用問題]

問 5.4 NOT ゲート, AND ゲート, OR ゲートを用いて恒偽 (論理値 0) および恒真 (論理値 1) を出力する論理回路を作りなさい.

問 5.5 $O = X \cdot \overline{Y}$ を NOR ゲートだけを用いた回路図で示しなさい.

問 5.6 万能論理関数集合 $F_5 = \{\text{XOR}, 1, \text{AND}\}$ が万能であることを示しなさい.

[C. 発展問題]

問 5.7 NAND ゲートだけを用いて排他的論理和を作り, 回路図で示しなさい.

問 5.8 ある論理関数において, 入力変数の順序の入替え, 入力や出力の否定を行うことによって生成される論理関数を同値類という. 特に以下の3つの操作の組合せによって得られる同値類を NPN–同値類という.

1. 一部またはすべての入力変数の否定 (Negation)
2. 一部またはすべての入力変数の順序の変更 (Permutation)
3. 出力結果の否定 (Negation)

2 変数論理関数は, その総数が 16 種類であることを表 5.2 に示した. では, 2 変数論理関数の NPN-同値類は何種類あるか答えなさい.

5章 演習問題解答

[A. 基本問題]

問 5.1 解答

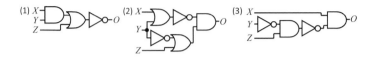

問 5.2 解答

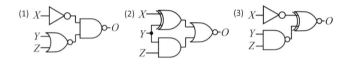

問 5.3 解答

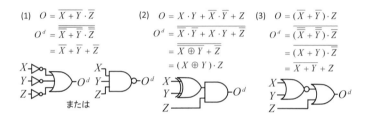

[B. 応用問題]

問 5.4 解答　　　　　　　　　　　　　　問 5.5 解答

問 5.6 解答

$F_5 = \{\text{XOR}, 1, \text{AND}\}$ が万能であるためには，これらで NOT が作れればよい．
$X \oplus Y = X \cdot \overline{Y} + \overline{X} \cdot Y$ なので，$Y = 1$ とすると，
$$X \oplus 1 = X \cdot \overline{1} + \overline{X} \cdot 1 = X \cdot 0 + \overline{X} = \overline{X}$$
したがって，F_5 は万能である．

[C. 発展問題]

問 5.7 解答

$O = X \oplus Y = \overline{X} \cdot Y + X \cdot \overline{Y}$
　　　$= \overline{\overline{\overline{X} \cdot Y + X \cdot \overline{Y}}}$　（二重否定）
　　　$= \overline{\overline{\overline{X} \cdot Y} \cdot \overline{X \cdot \overline{Y}}}$　（ド・モルガン）
　　　$= \overline{\overline{\overline{X} \cdot Y} \cdot \overline{X} \cdot Y \cdot \overline{X \cdot \overline{Y}} \cdot Y}$（べき等則）

$O = X \oplus Y = \overline{X} \cdot Y + X \cdot \overline{Y} = \overline{\overline{\overline{X} \cdot Y + X \cdot \overline{Y}}}$　（二重否定）
　　　$= \overline{\overline{\overline{X} \cdot Y} \cdot \overline{X \cdot \overline{Y}}}$　（ド・モルガン）
　　　$= \overline{(\overline{X} \cdot Y + Y \cdot \overline{Y}) \cdot (X \cdot \overline{X} + X \cdot \overline{Y})}$（相補則）
　　　$= \overline{(\overline{X} + Y) \cdot Y \cdot (\overline{X} + \overline{Y}) \cdot X}$　（分配則）
　　　$= \overline{\overline{X \cdot Y} \cdot Y \cdot \overline{X \cdot Y} \cdot X}$　（ド・モルガン）

5ゲート　　　　　　　　　　　　　　　　　　　　4ゲート

問 5.8 解答

以下の 4 種類．$\{0, 1\}$, $\{x, y, \overline{x}, \overline{y}\}$, $\{x \cdot y, x \cdot \overline{y}, \overline{x} \cdot y, x + y, \overline{x+y}, x + \overline{y}, \overline{x} + y, \overline{x \cdot y}\}$, $\{x \oplus y, \overline{x \oplus y}\}$

6章 組合せ回路の最適化設計1
——2段論理最小化——

[ねらい]

　ここでは論理関数の積和形と和積形が組合せ回路としてどのように表現されるのかを学びます．その後，積和形に対応するAND-OR回路をNAND回路へ変換する方法とその必要性について解説します．

　そして，組合せ回路を設計するための準備として，論理回路を設計する上で重要な概念であるドントケア項について学びます．論理回路を設計するためには，回路図を読めなければなりません．そのために組合せ回路の解析方法についても学習します．

　これらの準備が整った後，組合せ回路の最適化設計としてカルノー図を用いた2段論理最小化の方法について述べます．

[事前学習]

　6.1節「組合せ回路」を理解した上で，6.2節「組合せ回路の最適化設計」を読んでおいてください．ただし，新しい言葉がたくさん出てきますので，それらは覚えてしまいましょう．

　また，新しい概念としてP.72「ドントケア」は重要です．よく読んで理解してください．

[この章の項目]

AND-OR回路，OR-AND回路，NAND回路変換，ドントケア項，2段論理最小化，カルノー図による最小化

6.1 組合せ回路

前章で述べたとおり，組合せ回路とは「ある時刻の出力信号値がその時刻の入力信号値だけで決定する論理回路」である．回路中にメモリなどの記憶素子を持つ場合，入力信号だけで出力信号の値が確定しない．なぜなら，メモリに保持している値によって出力が変わるかもしれないからである．このような回路を組合せ回路とはいわない．組合せ回路は記憶素子をもたない回路なのである．

また，論理関数が様々な論理式で表現できたのと同じように，組合せ回路も同じ動作をする回路を様々なゲートを用いて表現できる．この節では，積和形と和積形の組合せ回路の形式，NAND ゲートだけを用いた回路への変換方法，今後，組合せ回路を設計するために必要な概念であるドントケアについて学ぶ．

積和形と和積形

4.2 節で論理関数がシャノン展開した結果，積和形 (Sum-of-Products; SoP) と和積形 (Product-of-Sums; PoS) という論理式の形式を学んできた．積和形に対応する組合せ回路は AND-OR 回路といい，和積形に対応する回路を OR-AND 回路という．積和形に対応する AND-OR 回路の例を図 6.1 に示す．同様に和積形に対応する OR-AND 回路の例を図 6.2 に示す．

▶[AND-OR 回路]
厳密にはリテラル (P.42) を考えると前段に NOT ゲートが入ることがあるが，NOT-AND-OR 回路や NOT-OR-AND 回路とはいわない．

積和形論理関数 $f = X \cdot \overline{Y} + \overline{X} \cdot Z + X \cdot Y \cdot Z$

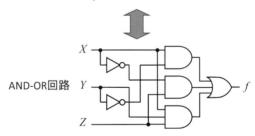

図 **6.1** AND-OR 回路の例

和積形論理関数 $f = (X + \overline{Y}) \cdot (\overline{X} + Z) \cdot (X + Y + Z)$

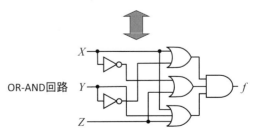

図 **6.2** OR-AND 回路の例

NAND 回路変換

さて，論理関数の積和形や和積形をド・モルガンの定理で相互に変換できたように，AND-OR 回路や OR-AND 回路も同様に変換できる．ド・モルガンの定理 (P.32) を論理ゲートに当てはめると図 6.3 のようになる．この変換は入出力に NOT がつき，AND ゲートと OR ゲートを入れ替える操作になる．

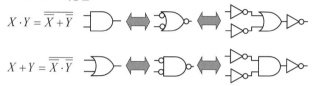

図 6.3　ド・モルガンの定理の論理ゲート表現

このようなゲートによる変換を使うと AND-OR 回路から NAND 回路を作るときに役に立つ．具体的には，図 6.4 に示したように，(1) 最後段の OR ゲートをド・モルガンの定理で NOT-AND-NOT に書き換える．(2) AND-NOT の組を NAND ゲートに書き換える．(3) NOT ゲートを NAND ゲートの入力を共通にすることで実現する．たったこれだけの操作で AND-OR 回路が NAND ゲートだけを使った回路に変換できるのである．

▶[NAND 回路]
NAND ゲートのみで構成される回路のこと．

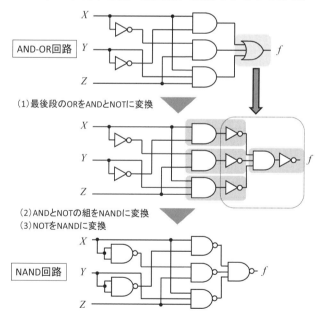

図 6.4　AND-OR 回路－ NAND 回路変換

では，この変換が何の役に立つかを考えよう．LSI は，前章で述べたとおり分解すると様々な機能の演算器からなり，演算器は論理回路でできている．さらに論理回路を分解するとトランジスタなどの素子からなる．つまり，各論理ゲートは，トランジスタ素子を用いた回路から作られるのであ

72   6章　組合せ回路の最適化設計 1

▶[トランジスタ数]
　ここで図 6.4 の例で考えてみる. 最初の AND-OR 回路は, 2 入力 AND ゲートが 2 個, 3 入力 OR ゲートと AND ゲートがそれぞれ 1 個ずつ, NOT ゲートが 2 個である. これらをトランジスタ数で換算すると合計 32 トランジスタになる. 一方, NAND ゲートのみを使用した回路は, 2 入力 NAND ゲート 4 個, 3 入力 NAND ゲート 2 個で合計 28 トランジスタになる. 最も少ないのは NOT ゲートと NAND ゲートを用いた場合で 24 トランジスタになる.

るが, 論理を構成するトランジスタ数は異なる. CMOS の場合, 論理ゲートを構成するトランジスタ数は, NOT ゲートが 2 個, 2 入力 AND ゲートや 2 入力 OR ゲートが 6 個, 3 入力 AND ゲートや 3 入力 OR ゲートは 8 個である. しかし, 2 入力 NAND ゲートや 2 入力 NOR ゲートは 4 個であり, 3 入力になっても 6 個のトランジスタ数で作ることができる.

　この計算は単純化しているので実際の LSI ではもう少し複雑になるが, 原則的にはこの通りである. このような単純な回路ではその差は小さいが, 大規模になると大きくコストが変わってくるのである. それゆえに, 昔は NAND ゲートで回路を組むことが重要であった. しかし, 現在は, NAND 表現ではなく最適なトランジスタ数で設計した複合ゲートなどのライブラリを用いて回路設計をする. その結果, AND-OR 回路を NAND 回路に変換することの重要性は昔ほど高くはない.

　もう一つの理由は, 設計した論理回路をブレッドボードなどで試作する場合に, NAND ゲートの回路なら 1 種類の IC を用意すればよいのに対し, AND-OR 回路では複数の IC を用意しなければならない. これにはコストと手間, メンテナンス上の理由から意味があった. しかし, 現在の設計では, 論理回路の検証をブレッドボードなどを用いて確かめることは少なくなっており, 主としてコンピュータシミュレーションで行うので, ここでも NAND 回路に変換する意味が薄れている.

　というわけで, AND-OR 回路を NAND 回路に変換する技術は, 古き良き技術かもしれないが, 将来, 何らかの機会に利用する場合もあるかもしれないので覚えておいて損はないと思う.

ドントケア

　ここで組合せ回路を設計する上で重要な概念を定義する. ドントケア項 (Don't care term) である.

定義 14 (ドントケア項)
n 変数論理関数において, n 個の変数値の組に対して, 論理関数値が定義されないこと.

　論理関数を論理式で表現する場合, 各変数が取りうる値については何も決められていない. しかし, 実際の組合せ回路を設計するときには, ある変数値の組合せはあり得ないという状況も出てくる. たとえば, 4 本の信号のどれか 1 本は必ず 1 を出力する回路があったとする. そのとき, 1 を出力している数を求める回路を設計する場合, 4 本のすべてが 0 を出力している場合を考慮しなくて良いはずである. つまり, この場合, $(0000)_2$ はありえない変数値の組合せとなる. これをドントケア項あるいは単にドントケアという.

つまり，ドントケアとは，ある変数値の組合せを，「禁止する」「生じない」「あろうとなかろうとどちらでも構わない」「冗長である」「無効である」「0 でも 1 でも構わない」「未定義である」などという状況を指す．

ドントケアは設計上必要な情報であるから，論理式で書く場合はその旨の注釈をつけ，真理値表の場合は，'–' で書く．カルノー図上では 'X' で示される．例を図 6.5 に示す．

①論理式の場合

$f = \overline{X}\cdot Y\cdot \overline{Z} + X\cdot \overline{Y}\cdot Z + X\cdot Y\cdot \overline{Z} + X\cdot Y\cdot Z$
ただし，$X\cdot Y\cdot Z$ はドントケアである。

③カルノー図の場合

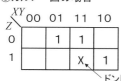

ドントケアを意味する "X"

②真理値表の場合

ドントケアを意味する "-"

▶[ドントケア記号]
　これらの記号は一般的であると思うが，規格で決まっているわけではない．したがって，他の書籍では違う記号で書かれることがあることは了解いただきたい．φ や ϕ が使われることもある．

図 **6.5** ドントケアの例

このドントケア項は設計上不必要な情報を示しているのだから，これを上手く使うと回路が簡単になるなどというメリットがある．ドントケアの使い方については，6.2 節の「組合せ回路の最適化設計」で述べる．

組合せ回路の解析

組合せ回路を設計するためには，まず設計された回路を読むことができなくてはならない．ここでは組合せ回路から論理関数を求める方法について解説する．組合せ回路を解析し論理関数を求める手順は以下の通りである．

1. 各論理ゲートごとの出力を入力による論理式で表す
2. 上記の操作を最前段の入力端子から最後段の出力端子に向かって行う
3. 論理式全体にかかる NOT は論理式を複雑にするので，適切にド・モルガンの定理を用いて展開してリテラルにする
4. 上記を繰り返しみやすい論理式に変換する

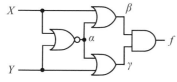

$\alpha = \overline{X+Y} = \overline{X}\cdot \overline{Y}$ 　　　$\gamma = \alpha + Y = \overline{X}\cdot \overline{Y} + Y = \overline{X} + Y$
$\beta = X + \alpha = X + \overline{X}\cdot \overline{Y} = X + \overline{Y}$ 　　$f = \beta\cdot \gamma = (X+\overline{Y})\cdot (\overline{X}+Y) = X\cdot Y + \overline{X}\cdot \overline{Y}$

図 **6.6** 組合せ回路の解析例

図 6.6 に組合せ回路の解析例を示す．まず始めに入力信号 X および Y に一番近いゲートである NOR ゲートの出力を α とおくと，$\alpha = \overline{X+Y}$ である．このとき，式全体にかかる NOT をド・モルガンの定理で外すと，

$\alpha = \overline{X} \cdot \overline{Y}$ となる．以下同様に，次の OR ゲート 2 つの出力をそれぞれ β と γ とおき，式を立てて展開する．そして，最後の AND ゲートの出力 f は，$f = \beta \cdot \gamma$ であり，それぞれ代入して整理すると，$f = X \cdot Y + \overline{X} \cdot \overline{Y}$ となる．

6.2　組合せ回路の最適化設計

組合せ回路の設計とは何か．ある機能を実現する論理式を構築し，それを回路で表現できれば組合せ回路を設計したことになるのだろうか．厳密にいえばそれは設計ではない．「設計する」とはある「目標」を達成する回路を作ることである．

本節では設計目標を整理し，それに向けた最適化設計法について述べる．

▶[設計目標]
設計目標の第一義は機能である．機能とは組合せ回路の設計では論理関数そのものである．しかし，第二義は複数ある．動作速度，回路規模，消費電力など状況によって優先順位が変わる．

最適化設計の目的

LSI 設計において達成すべき目標は，次の 3 つである．

1. 同じ機能を実現する回路のうち，最大の性能を達成すること
2. 実装コスト（あるいは製造コスト）が最も低いこと
3. 耐故障性が最も高いこと

第 1 の「性能」にはいろいろな意味が含まれる．動作速度が速いことや消費電力が低いことなどである．第 2 の実装コストは製造工程に依存するため，一般的な議論は難しい．一般的な LSI の場合，半導体の製造プロセスによってトランジスタなどの素子の特性が異なり，その結果，コストを下げる手段も変わる．したがって，論理回路の設計段階で明確な目標を設定することは難しい．第 3 の耐故障性能も第 2 の目標と同様にプロセスに依存するので，ここで議論はしない．

一般的に，第 1 の「性能」を高めるためには，回路の冗長性を排除することが必要である．具体的には使用するゲート数を削減することが目標となる．ゲート数を削減すると，LSI 上に占める物理的な空間が減り（空間最適化），LSI サイズを小さくすることができる．LSI のサイズが小さくなると，LSI 内部の信号遅延が減る（時間最適化）．信号遅延は物理的な距離に比例するためである．また，LSI のサイズの縮小は製造コストの削減にもつながり，第 2 の目標の達成にも貢献する．

つまり，組合せ回路の設計において最適化するとは，同じ機能を実現するための使用論理ゲート数を最少にすることに他ならない．これにより，空間最適化と時間最適化が同時に満たされるためである．今後，これを目標に設計最適化手法を説明する．

カルノー図による 2 段論理最小化

組合せ回路の最適化設計を行う上での設計条件を定める．ここでの設計では多入力論理ゲートを 2 入力論理ゲートと同条件で使用できるものとす

る．多入力論理ゲートを使用できるかどうかは最適化に大きな影響を及ぼすからである．多入力論理ゲートが使えると，積和形や和積形で表した論理関数は2段の組合せ回路で実現できる．入力から出力に至る経路は複数あるが，最も多い段数の経路をクリティカルパス (Critical path) といい，これを最小にすることが時間最適化になる．

すなわち，積和形もしくは和積形のうち最も少ないゲート数で実現することは空間最適化を行うことになる．一方，時間最適化は2段という最小値で保証されているから，最小の積和形もしくは和積形を求めることができれば，両方を同時に満たすことができる．これを2段論理最小化という．言い換えれば，時間最適化を2段で固定したときの空間サイズを最小にする最適化設計といえる．

▶[論理段数]

論理段数とは，論理回路の入力端子から出力端子に至るまでに通過する論理ゲート数を指す．積和形の場合，ANDゲートの後に OR ゲートを通過するので2段である．正確には最前段の NOT ゲートを含めると3段だが，前段の論理回路が相補出力等を持つ場合も多いので無視することが多い．

用語定義

2段論理最小化の説明にあたり必要となる用語を定義する．

定義 15（包含〔ほうがん〕）

ある論理積項 Q の値を '1' にする変数値の組合せすべてに対して，別の論理積項 P が '1' になるとき，「P は Q を包含する」あるいは「Q は P に包含される」という．すなわち，$P + \overline{Q} = 1$ が成り立つ．

包含の例としては，$X \cdot \overline{Z}$ は $X \cdot Y \cdot \overline{Z}$ や $X \cdot \overline{Y} \cdot \overline{Z}$ を包含する．

定義 16（主項〔しゅこう〕）

任意の論理関数 F において，F は相異なる変数（リテラル）によって構成する論理積項 t_i の論理和で構成される積和形とする．この論理積項 t_i がそれ以外の論理積項 $t_j (i \neq j)$ のいずれにも包含されないとき，この t_i を主項という．

定義 17（最小積和形）

主項だけで構成する積和形のうち，主項の総数が最小のものを最小積和形という．一般に最小積和形は唯一とは限らない．

定義 18（必須主項）

任意の論理関数において，ある主項 P だけが，標準積和形を構成する最小項 m を包含するとき，P を必須主項あるいは単に必須項という．

定義 19（特異最小項）

任意の論理関数において，ある主項 P だけが，標準積和形を構成する最小項 m を包含するとき，m を特異最小項という．

主項の求め方は後で説明するが，ここでは，式 $F = X \cdot \overline{Z} + X \cdot Y + X \cdot \overline{Y} \cdot \overline{Z}$ を用いて上記の定義の例を示す．まず，$X \cdot \overline{Z}$ は主項であり $X \cdot Y$ が必須主項である．$X \cdot \overline{Y} \cdot \overline{Z}$ は主項ではない．F の標準積和形は，$F = X \cdot Y \cdot \overline{Z} + X \cdot Y \cdot Z + X \cdot \overline{Y} \cdot \overline{Z}$ であり，最小項 $X \cdot Y \cdot Z$ を含む主項は $X \cdot Y$ だけである．したがって，最小項 $X \cdot Y \cdot Z$ は特異最小項である．

カルノー図を用いた2段論理最小化

それではカルノー図を用いて最小積和形を求める方法について説明しよう．手順は以下の通りである．

1. 最小化しようとする論理関数からカルノー図を作成する．
2. ドントケアがあれば追記する．
3. 最小項を被覆する円を描く．
4. 最小項の前後左右で最小項もしくはドントケアがあれば，円を倍にして被覆する．
5. 拡大された被覆に包含される被覆を除去し，主項を求める．
6. カルノー図上で主項を読み取り，それらを論理和して最小積和形を得る．

▶[被覆]
マス目中の '1' ひとつで最小項を示すが，隣が '1' もしくはドントケアなら2つを被覆することができ，それは1変数がなくなることを意味する．4マスを被覆できれば2変数減り，8マス被覆できれば3変数減る．

P.47で述べたように，カルノー図は，シャノン展開等で標準積和形を求めるか真理値表から作成する．すべて最小項を被覆しつつ，最も少ない主項の組合せを選択する．ある最小項（カルノー図のマス目の '1' になっている箇所）を被覆する主項が唯一であるとき，その主項が必須主項である．また，ドントケア項は，主項に被覆される場合は '1' と考えてよく，被覆されなかった場合は '0' と考えればよいので，すべてを被覆する必要はない．

言葉で説明しても分かりにくいので，図6.7に具体例を示す．

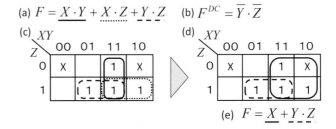

図 **6.7** カルノー図による2段論理最小化の例

(a) を与えられた論理式とし，(b) がドントケア項である．(a) をそのままカルノー図に表したものが (c) である．ここには (b) のドントケア項も追加している．積項 $X \cdot Y$ もしくは $X \cdot Z$ はどちらも被覆範囲を倍に拡張しても最小項もしくはドントケア項のみである．このように拡大された被覆によって，包含される $X \cdot Y$ もしくは $X \cdot Z$ は除去され，主項 X と $\overline{Y} \cdot Z$ から (e) のように最小積和形が求まる．これはリテラル数最小である．

また，主項 X および $\overline{Y} \cdot Z$ は，ともに必須主項である．そして，$X \cdot Y \cdot \overline{Z}$，

$X \cdot \overline{Y} \cdot Z$, $\overline{X} \cdot Y \cdot Z$ が特異最小項になる.

このようにカルノー図を用いて 2 段論理最適化が実現できるが，多くの変数をもつ論理関数を設計する場合は困難である．カルノー図の説明でも述べたが 6 変数以上の最適化はむずかしい．

[6 章のまとめ]

この章では，組合せ回路の最適化設計の準備のために以下のことを学びました．

- 論理関数の積和形 (SoP) が AND-OR 回路に対応し，和積形 (PoS) が OR-AND 回路に対応する．
- AND-OR 回路から NAND 回路に変換するには最後段の OR をド・モルガンの定理を利用して NOT-AND-NOT 回路に変換し，AND-NOT の組を NAND ゲートに書き換えればできる．
- ドントケア項とは論理関数値が定義されていない変数値の組のこと．
- 組合せ回路の解析は最前段のゲートから論理式に変換し，式全体にかかる NOT を展開してリテラルにしながら出力まで順次論理式を組立てることで解析できる．
- 最適化の目的はゲート数を削減することである．
- 多入力論理ゲートが使えるなら AND-OR 形式などで表現することで時間最適化ができる．
- 空間最適化は積和形もしくは和積形で最少ゲート数で実現することで達成できる．これを 2 段論理最適化という．
- カルノー図を用いた 2 段論理最適化は，最も大きく被覆できる主項をみつけることである．

カルノー図を用いた 2 段論理最適化は，論理関数の入力数が少ない場合は有効ですが，論理変数が多くなるとカルノー図そのものを描くことが困難になります．変数が多い場合については，次章で説明するクワイン・マクラスキ法というアルゴリズムを用いて行います．

6章 演習問題

[A. 基本問題]

問 6.1 以下の論理式を NAND ゲートだけを用いた回路図を示しなさい.
 (1) $O = X \cdot Y + \overline{X} \cdot Z$ (2) $O = X + \overline{X} \cdot \overline{Y} + Y \cdot Z$ (3) $O = X \cdot Y \cdot Z + \overline{Y} + \overline{Z}$

問 6.2 以下の組合せ回路を解析し，論理式を積和形で示しなさい.

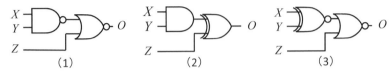

問 6.3 以下の論理式をカルノー図を用いて 2 段論理最小化しなさい.
 (1) $O = \overline{X} \cdot \overline{Y} \cdot Z + \overline{X} \cdot Y \cdot \overline{Z} + \overline{X} \cdot Y \cdot Z + X \cdot Y \cdot Z$
 (2) $O = \overline{X} \cdot Y \cdot \overline{Z} + X \cdot Y \cdot \overline{Z} + X \cdot \overline{Y} \cdot \overline{Z} + X \cdot \overline{Y} \cdot Z$
 (3) $O = \overline{X} \cdot \overline{Y} \cdot \overline{Z} + X \cdot \overline{Y} \cdot \overline{Z} + \overline{X} \cdot Y \cdot Z + X \cdot Y \cdot Z$

[B. 応用問題]

問 6.4 以下の論理式を NAND ゲートだけを用いた回路図を示しなさい.
 (1) $O = (X + Z) \cdot (\overline{Y} + \overline{Z})$ (2) $O = (X \cdot Y) \oplus Z$ (3) $O = \overline{X \oplus Y \oplus Z}$

問 6.5 以下の組合せ回路を解析し，論理式を積和形で示しなさい.

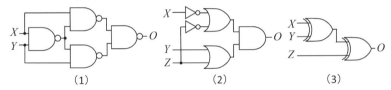

問 6.6 以下の論理式をカルノー図を用いて 2 段論理最小化しなさい．ただし，F_{DC} はドントケアとする.
 (1) $O = W \cdot X \cdot \overline{Y} \cdot Z + \overline{W} \cdot X \cdot Z + Y \cdot \overline{Z}, F_{DC} = Y \cdot Z$
 (2) $O = (W + \overline{X}) \oplus (\overline{Y} + Z), F_{DC} = \overline{W} \cdot X \cdot Y \cdot \overline{Z}$
 (3) $O = (\overline{X} + Z) \cdot (\overline{W} + \overline{Z}) \cdot (X + \overline{Z}) \cdot (\overline{W} + Y), F_{DC} = W \cdot \overline{X} \cdot \overline{Y} \cdot \overline{Z}$

[C. 発展問題]

問 6.7 4 個の入力 A,B,C,D があり，それらを 2 進数 $(ABCD)_2$ とみなすとき，その数値が 10 進数の 8 以上 14 未満であれば出力 F = 1 となる論理関数の最小積和形をカルノー図を用いて求めなさい.

問 6.8 4 つの入力 A_1, A_0, B_1, B_0 があり，それらを 2 つの 2 ビットの 2 進数 $(A_1A_0)_2$ および $(B_1B_0)_2$ とみなすとき，これらの値の大小比較をする回路について考える．以下の問いに答えなさい.

1. 入力が $(A_1A_0)_2 < (B_1B_0)_2$ を満たすとき 1 を出力する論理関数 F_0 を設計する．この論理関数の真理値表を表しなさい.
2. 論理関数 F_0 に入力が $A_1 \oplus A_0 =1$ かつ $B_1 \oplus B_0 =1$ のときをドンドケアとする条件を追加した論理関数を F_1 とする．カルノー図を用いて論理関数 F_1 を簡単化し，最小積和形を示しなさい.
3. 2.で求めた F_1 の最小積和形を NAND ゲートおよび NOT ゲートを用いて回路図に示しなさい.

6章 演習問題解答

[A. 基本問題]

問 6.1 解答

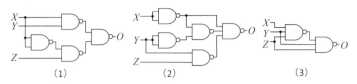

問 6.2 解答

$(1) O = \overline{X \cdot Y + Z}$
$\quad = X \cdot Y \cdot \overline{Z}$

$(2) O = (X \cdot Y) \oplus Z$
$\quad = (X \cdot Y) \cdot \overline{Z} + \overline{X \cdot Y} \cdot Z$
$\quad = X \cdot Y \cdot \overline{Z} + (\overline{X} + \overline{Y}) \cdot Z$
$\quad = X \cdot Y \cdot \overline{Z} + \overline{X} \cdot Z + \overline{Y} \cdot Z$

$(3) O = \overline{X \oplus Y + Z}$
$\quad = \overline{(X \cdot \overline{Y} + \overline{X} \cdot Y) + Z}$
$\quad = \overline{X \cdot \overline{Y}} \cdot \overline{\overline{X} \cdot Y} \cdot \overline{Z}$
$\quad = (\overline{X} + Y) \cdot (X + \overline{Y}) \cdot \overline{Z}$
$\quad = (\overline{X} \cdot Y + X \cdot \overline{Y}) \cdot \overline{Z}$
$\quad = \overline{X} \cdot Y \cdot \overline{Z} + X \cdot \overline{Y} \cdot \overline{Z}$

問 6.3 解答

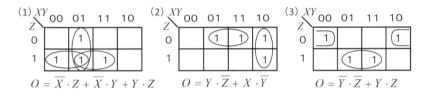

[B. 応用問題]

問 6.4 解答

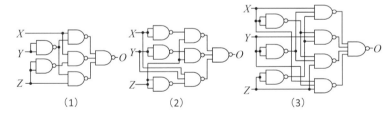

問 6.5 解答

$(1) O = \overline{\overline{X \cdot Y \cdot X} \cdot \overline{X \cdot Y \cdot Y}}$
$\quad = \overline{X \cdot Y} \cdot X + \overline{X \cdot Y} \cdot Y$
$\quad = (\overline{X} + \overline{Y}) \cdot X + (\overline{X} + \overline{Y}) \cdot Y$
$\quad = \overline{X} \cdot X + \overline{Y} \cdot X + \overline{X} \cdot Y + \overline{Y} \cdot Y$
$\quad = X \cdot \overline{Y} + \overline{X} \cdot Y$

$(2) O = (Y + Z) \cdot (\overline{X} + \overline{Z})$
$\quad = (Y + Z) \cdot \overline{X} + (Y + Z) \cdot \overline{Z} = \overline{X} \cdot Y + \overline{X} \cdot Z + Y \cdot \overline{Z} + Z \cdot \overline{Z}$
$\quad = \overline{X} \cdot Y + \overline{X} \cdot Z + Y \cdot \overline{Z} = \overline{X} \cdot Y \cdot Z + \overline{X} \cdot Y \cdot \overline{Z} + \overline{X} \cdot Z + Y \cdot \overline{Z}$
$\quad = \overline{X} \cdot Z \cdot (Y + 1) + Y \cdot \overline{Z} \cdot (\overline{X} + 1) = \overline{X} \cdot Z + Y \cdot \overline{Z}$

$(3) O = X \oplus Y \oplus Z$
$\quad = (X \cdot \overline{Y} + \overline{X} \cdot Y) \cdot \overline{Z} + \overline{X \cdot \overline{Y} + \overline{X} \cdot Y} \cdot Z = X \cdot \overline{Y} \cdot \overline{Z} + \overline{X} \cdot Y \cdot \overline{Z} + \overline{X \cdot \overline{Y}} \cdot \overline{\overline{X} \cdot Y} \cdot Z$
$\quad = X \cdot \overline{Y} \cdot \overline{Z} + \overline{X} \cdot Y \cdot \overline{Z} + (\overline{X} + Y) \cdot (X + \overline{Y}) \cdot Z = X \cdot \overline{Y} \cdot \overline{Z} + \overline{X} \cdot Y \cdot \overline{Z} + \overline{X} \cdot (X + \overline{Y}) \cdot Z + Y \cdot (X + \overline{Y}) \cdot Z$
$\quad = X \cdot \overline{Y} \cdot \overline{Z} + \overline{X} \cdot Y \cdot \overline{Z} + \overline{X} \cdot \overline{Y} \cdot Z + X \cdot Y \cdot Z$

80   6章 組合せ回路の最適化設計 1

問 6.6 解答

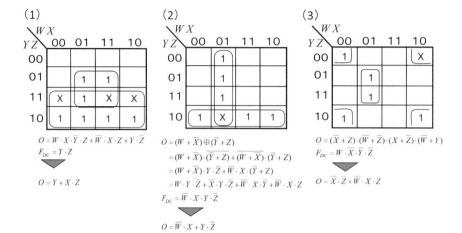

[C. 発展問題]

問 6.7 解答

8以上14未満の4桁の2進数$(ABCD)_2$は以下の通り.

8 : 1000
9 : 1001
10 : 1010
11 : 1011
12 : 1100
13 : 1101

これからカルノー図を描くと右図のようになり,これを簡単化すると,

$$F = A \cdot \overline{B} + A \cdot \overline{C}$$

となる.

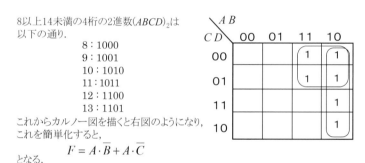

問 6.8 解答

(1) $(A_1 A_0) < (B_1 B_0)$ を満たす組合せは,以下の通り.

$(A_1 A_0)$ $(B_1 B_0)$
00 < 01
00 < 10
00 < 11
01 < 10
01 < 11
10 < 11

これから真理値表を描くと右図のようになる.

(2)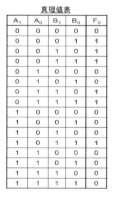

$F_0 = \overline{A_1} \cdot B_1 + \overline{A_0} \cdot B_0$

(3)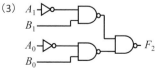

7章 組合せ回路の最適化設計2
——クワイン・マクラスキ法——

[ねらい]

前章では組合せ回路をカルノー図を用いて2段論理最小化をしてきました．しかし，論理変数が多くなるとこれではうまくいきません．そこで，ここでは論理変数が多くても最小化が可能なクワイン・マクラスキ法を学びます．

クワイン・マクラスキ法はコンピュータ処理にも向いた強力なアルゴリズムで，論理変数が多くても機械的に処理できます．ただ，手順がちょっとややこしいのでじっくり取り組んでください．実用的なドントケアを含んだ2段論理最小化も解説します．

そして，最後にクワイン・マクラスキ法の問題点についても紹介します．

[事前学習]

本章は7.1節「クワイン・マクラスキ法の基本手順」が理解できればほぼ目的を達成できます．しかし，それは簡単ではないので7.2節「クワイン・マクラスキ法の具体例」以降の例題を自分で確かめながら読んでおいてください．

[この章の項目]
クワイン・マクラスキ法

82   7章　組合せ回路の最適化設計2

7.1　クワイン・マクラスキ法の基本手順

クワイン・マクラスキ法（Quine-McCluskey algorithm, 以下，Q-M 法と略す）は，真理値表を基にその行を併合することで簡単化し論理最小化する方法である．次の 3 つのステップからなる．

(i) 論理関数の主項（P.75, 定義 16）を求める
(ii) 必須主項（P.75, 定義 18）の決定と主項の選択
(iii) 最簡形の論理式を求める

この中で最初の「論理関数の主項を求める」ステップが最も時間が掛かる部分で，それ以降のステップは比較的簡単に求まる．

最初のステップである主項を求める方法について詳しく解説していく．

このステップの最初は簡単化の基となる真理値表から次の操作で初期表を作る．

(i)-a1　真理値表中の最小項（関数値が 1 の変数値の組）を抜き出す
(i)-a2　それらの変数値の組をハミング重みの昇順で並び替える
(i)-a3　さらに同じハミング重みの変数値の組は，その値を 2 進数とみなした場合の昇順に並べる
(i)-a4　同じハミング重みの変数値の組を同一グループとして罫線で区別する
(i)-a5　各最小項を示す変数値の組には，値を 10 進数読みした値をラベルとして付加する

次にこの初期表の行を併合していく．その操作は次のように行う．

(i)-b1　ハミング重みの一番小さいグループとその次のグループの間で，ハミング距離 1 の組をみつけて併合する
(i)-b2　その際，異なる部分を '−' に変えて，新しい表（リテラル消去表）に書き込む
(i)-b3　上記の操作をすべてのグループに対して行う
(i)-b4　新たに作成されたリテラル消去表に対しても同様の操作を行う
(i)-b5　併合することができない変数の組に対しては印をつける
(i)-b6　すべての組で併合できなくなった時点で終了する

1 回の併合毎にその変数の組からは 1 変数が落とされていく．最終的に残った項が主項である．

次は「必須主項の決定と主項の選択」である．以下のように行う．

(ii)-1　主項と最小項との対応表（主項–最小項表）を作成する
(ii)-2　対応表によって必須主項の決定と必要な主項の選択を行う

主項–最小項表は，横に最小項のラベルをとり，縦に前ステップでみつけた主項をとった対応表である．一つの主項に対し，それに包含される最小項をその行に印をつける．以下同様にすべての主項に対して行えば主項–最小項表は完成する．

つまり，表を横にたどれば主項に含まれる最小項が分かり，逆に最小項に着目し縦に表を眺めるとその最小項を含む主項が分かるのである．

▶ [クワイン・マクラスキ法]
Quine-McCluskey algorithm, 論理関数を簡単化する方法の一つ．最簡形を確定的に求めることができ（厳密解法），そのアルゴリズムは計算機による処理に向く．W.V.Quine が提案し，E.J.McCluskey が発展させた．

▶ [ウィラード・ヴァン・オーマン・クワイン]
Willard van Orman Quine, 1908-2000, アメリカの哲学者，論理学者

▶ [エドワード・J・マクラスキ]
Edward J. McCluskey, 1929-2016, アメリカ・ベル研究所の電気技術者．IEEE コンピュータ・ソサエティ (CS) の初代会長

▶ [ハミング重み]
ビット列中の 1 の個数．オール 0 からのハミング距離と等しい．たとえば，0011 のハミング重みは 2 である．

▶ [ハミング距離]
等しい文字数を持つ二つの文字列の中で，対応する位置にある異なった文字の個数．たとえば，0011 と 1010 のハミング距離は，MSB（最上位ビット, Most Significant Bit）と LSB（最下位ビット, Least Significant Bit）が異なるので 2 となる．

▶ [初期表, リテラル消去表, 主項–最小項表]
Q-M 法において最小項を併合する過程で用いる表には特に名前がついていない．本書は操作内容を的確に表現されている『柴山潔著，『コンピュータサイエンスで学ぶ ― 論理回路とその設計』（文献 5）として）』に準拠した．

ここで表を縦にたどり印が1つしかついていない最小項がある場合，この最小項を特異最小項（P.75, 定義19）という．そして，特異最小項を含む主項を必須主項という．必須主項はその名の通りこの論理関数を表現するのに必要不可欠な主項となる．論理関数は表の横軸に示されている最小項すべての論理和であるから，その条件を満たす最少の主項の組をみつけることで最簡形を求めることができる．

すなわち，ステップ (iii) は，必須主項と選択された主項を論理和で結ぶことで最小積和形を求める．

以上が Q-M 法の概要であるが，これでは具体的に何を行うのか分からない．そこで次で実例をみていく．

7.2 クワイン・マクラスキ法の具体例

では，具体的に次の論理関数を簡単化してみよう．

$$F = \bar{A}\bar{B}\bar{C}D\bar{E} + \bar{A}\bar{B}CDE + ABC\bar{D}\bar{E} + \bar{A}BCD\bar{E}$$
$$+ AB\bar{C}\bar{D}E + A\bar{B}\bar{C}D\bar{E} + A\bar{B}CDE + \bar{A}\bar{B}\bar{C}D\bar{E}$$
$$+ AB\bar{C}\bar{D}\bar{E} + \bar{A}BCD\bar{E} + \bar{A}\bar{B}\bar{C}DE + ABC\bar{D}E$$

この関数は5論理変数 (A, B, C, D, E) の標準積和形で表現されている．したがって，各積項は最小項である．また，5変数であるのでカルノー図で簡単化するのは少し難しい．なお，論理積を表す '·' は式が長くなるので省略しているので了承願いたい．

ステップ (i)-a：初期表の作成

まず，初期表を作成する．そのためには上式の最小項を読み取り，真理値表から関数値が '1' の行を抜き出し，表 7.1 に示す形式にまとめる．

表 7.1　初期表

最小項	ラベル	A	B	C	D	E	主項
$\bar{A}\bar{B}\bar{C}D\bar{E}$	2	0	0	0	1	0	
$\bar{A}\bar{B}\bar{C}DE$	3	0	0	0	1	1	
$\bar{A}\bar{B}CD\bar{E}$	6	0	0	1	1	0	
$\bar{A}B\bar{C}D\bar{E}$	10	0	1	0	1	0	
$AB\bar{C}\bar{D}\bar{E}$	24	1	1	0	0	0	
$\bar{A}\bar{B}CDE$	7	0	0	1	1	1	
$\bar{A}BCD\bar{E}$	14	0	1	1	1	0	
$A\bar{B}\bar{C}DE$	19	1	0	0	1	1	
$AB\bar{C}\bar{D}E$	25	1	1	0	0	1	
$ABC\bar{D}\bar{E}$	28	1	1	1	0	0	
$A\bar{B}CDE$	23	1	0	1	1	1	
$ABC\bar{D}E$	29	1	1	1	0	1	

ラベル欄は最小項を示す変数値を10進数で表現した値を記している．ラベル自体はどのような記号を用いても構わないのだが，後々，主項–最小項

84　　7章　組合せ回路の最適化設計2

表を作成するとき楽にするためにこのように設定している．また，主項欄が空欄になっているのは，これから併合する過程で使用するためである．この欄は，併合されれば $\sqrt{}$ 印がつけられ，併合されなければ主項として識別記号が振られる．

　また，ラベル2の行は変数中の '1' の数が1個のグループである．ラベル3から24は '1' の数が2個のグループである．以下，同様に3個のグループと4個のグループに分けられ，その境界に罫線を引いている．5変数なので論理的には0個のグループと5個グループもあり得るが，この論理関数ではない．そして，これらのグループ分けは，変数値の組をハミング重みの昇順に並べる．さらに，ラベルの順序を見て分かるとおりグループ内も昇順に並べている．

ステップ (i)-b：行の併合と主項の決定

　さて，初期表ができあがったので，次は行の併合である．この処理はハミング重みが1だけ異なるグループ間で行う．

　最初のグループはラベル2だけであるので，ラベル2とラベル3からラベル24までを比較する．具体的にはラベル2の変数値の組 (00010) とラベル3の変数値の組 (00011) のビット毎の排他的論理和をとる．その結果，(00001) となる．このすべてのビットを加算した結果がハミング距離が1であれば併合可能であり，併合すると1の位置の変数が消される（表7.2および表7.3）．表中では併合される変数値を丸囲みで示している．表7.3は，新しく作成するリテラル消去表である．

表 7.2　初期表

最小項	ラベル	A	B	C	D	E	主項
$\bar{A}\bar{B}\bar{C}D\bar{E}$	2	0	0	0	1	⓪	$\sqrt{}$
$\bar{A}\bar{B}\bar{C}DE$	3	0	0	0	1	①	$\sqrt{}$

$\downarrow$

表 7.3　リテラル消去表

ラベル	A	B	C	D	E	主項
2,3(1)	0	0	0	1	−	

　リテラル消去表では，併合された行のラベルをマージし，さらに消去された変数値を括弧書きで追加したものを新しいラベルとしている．これは併合された最小項と併合によって無くなった変数を示している．

　一方，初期表の方では，ラベル2とラベル3が併合されて新しい積項ができたので，ラベル2とラベル3の主項欄に $\sqrt{}$ をつける．これはラベル2とラベル3の最小項が主項にはなり得ないことを意味する．つまり，すべての併合が終わったときに，このチェックが入らないで残った最小項もしくは積項が主項となる．

　次はラベル2とラベル6，ラベル10，ラベル24と順に併合できるかど

うかを判定する．その結果，ラベル 6 とラベル 10 は併合でき，それぞれ，ラベル 2,6(4) で値が (00-10) とラベル 2,10(8) で値が (0-010) になる（表 7.4）．ラベル 24 とはハミング重みが 3 になり，併合できない．

表 **7.4** リテラル消去表（続き 1）

ラベル	A	B	C	D	E	主項
2,3(1)	0	0	0	1	–	
2,6(4)	0	0	–	1	0	
2,10(8)	0	–	0	1	0	

以下同様に 1 が 2 個のグループ（ラベル 3,6,10,24）と 3 個のグループ（ラベル 7,14,19,25,28）との併合を行い，その次は 3 個のグループと 4 個のグループの併合と進む．一巡すると新しくリテラル消去表が完成する（表 7.6）．

表 **7.5** 初期表（更新後）

最小項	ラベル	A	B	C	D	E	主項
$\bar{A}\bar{B}\bar{C}D\bar{E}$	2	0	0	0	1	0	✓
$\bar{A}\bar{B}\bar{C}DE$	3	0	0	0	1	1	✓
$\bar{A}\bar{B}CD\bar{E}$	6	0	0	1	1	0	✓
$\bar{A}B\bar{C}D\bar{E}$	10	0	1	0	1	0	✓
$AB\bar{C}\bar{D}\bar{E}$	24	1	1	0	0	0	✓
$\bar{A}\bar{B}CDE$	7	0	0	1	1	1	✓
$\bar{A}BCD\bar{E}$	14	0	1	1	1	0	✓
$A\bar{B}\bar{C}DE$	19	1	0	0	1	1	✓
$AB\bar{C}\bar{D}E$	25	1	1	0	0	1	✓
$ABC\bar{D}\bar{E}$	28	1	1	1	0	0	✓
$A\bar{B}CDE$	23	1	0	1	1	1	✓
$ABC\bar{D}E$	29	1	1	1	0	1	✓

表 **7.6** リテラル消去表（続き 2）

ラベル	A	B	C	D	E	主項
2,3(1)	0	0	0	1	–	
2,6(4)	0	0	–	1	0	
2,10(8)	0	–	0	1	0	
3,7(4)	0	0	–	1	1	
3,19(16)	–	0	0	1	1	
6,7(1)	0	0	1	1	–	
6,14(8)	0	–	1	1	0	
10,14(4)	0	1	–	1	0	
24,25(1)	1	1	0	0	–	
24,28(4)	1	1	–	0	0	
7,23(16)	–	0	1	1	1	
19,23(4)	1	0	–	1	1	
25,29(4)	1	1	–	0	1	
28,29(1)	1	1	1	0	–	

一方，初期表はすべての最小項が併合されたので主項のチェック欄は表 7.5 のようにすべて ✓ が入り，主項は一つも無いことが分かる．

これで一回目の併合が終了したが，これで終わりではない．Q-M 法は併合が行えなくなるまで繰り返しこれらの操作を実行する．したがって，次は表 7.6 を基に新しいリテラル消去表 2 を作成する．そのときも併合されたラベルには基の表の主項欄にチェックを入れる．

▶[併合する上での注意事項]
　ラベル 2,3(1) と併合できるのはラベル 6,7(1) のように消去された変数が同じでかつハミング重みが 1 となる場合である．ラベルの () 内が一致していることが条件になる．

表 **7.7** リテラル消去表 2

ラベル	A	B	C	D	E	主項
2,3,6,7(1,4)	0	0	–	1	–	$*p$
2,6,10,14(4,8)	0	–	–	1	0	$*q$
3,7,19,23(4,16)	–	0	–	1	1	$*r$
24,25,28,29(1,4)	1	1	–	0	–	$*s$

新しく作成されたリテラル消去表は表 7.7 である．ここでは，1 が 1 個

7章　組合せ回路の最適化設計2

▶ [∗p, ∗q, ...]
主項を示す記号に '∗' をつける理由は，論理変数と区別するためである．したがって，別の記号 †p とか §p を用いてもまったく構わない．

のグループと2個のグループが残ったが，これらはどれも併合できないため，この4つの積項は主項になる．また，元のリテラル消去表（表7.6）のラベルはすべて併合されたので，ここには主項は無い．

したがって，この論理関数では，ステップ (i) の結果，4つ主項がみつかったことになる．これは厳密解でこれ以外の主項はあり得ない．

ステップ (ii)-a：主項–最小項表の作成

さて，主項が求まったので次に最小項との対応表を作成する．

先に述べたとおり，主項–最小項表は横に最小項のラベルをとり，縦に主項をラベルとともに記した対応表である．一つの主項に対し，それに包含される最小項の位置に印をつける．以下同様にすべての主項に対して行えば主項–最小項表は完成する（表7.8）．ある最小項に対して，それを含む主項が一つしか無いとき，それは特異最小項になる．この表では ◎ 印で示している．一方，複数の主項に含まれる場合は ○ 印である．ある主項について横に見ていくと，◎ 印が一つでもあれば，その主項は必須主項である．この表では，∗q, ∗r, ∗s がそれにあたる．

表 7.8 主項–最小項表

ラベル		最小項 主項	2 √	3 √	6 √	7 √	10 √	14 √	19 √	23 √	24 √	25 √	28 √	29 √
2,3,6,7(1,4)		∗p	○	○	○	○								
2,6,10,14(4,8)	√	∗q	○		○		◎	◎						
3,7,19,23(4,16)	√	∗r		○		○			◎	◎				
24,25,28,29(1,4)	√	∗s									◎	◎	◎	◎

ステップ (ii)-b：必須主項の決定と主項の選択

表7.8の主項–最小項表から，必須主項である ∗q, ∗r, ∗s は必ず選択されなければならないので，この主項に含まれる最小項をチェックする．そうすると，この場合はこれらですべての最小項を包含しているので，残りの主項 ∗p は選択する必要が無い．よって，最簡形を構成する主項は，∗q, ∗r, ∗s で確定である．

ステップ (iii)：最小積和形の作成

それぞれ，∗q は $(A,B,C,D,E)=(0,-,-,1,0)$，∗r は $(-,0,-,1,1)$，∗s は $(1,1,-,0,-)$ であるから，論理積項に直すと，

$$\ast q = \bar{A}D\bar{E}$$
$$\ast r = \bar{B}DE$$
$$\ast s = AB\bar{D}$$

となり，これらの論理和が求める最小積和形である．

$$F = \bar{A}D\bar{E} + \bar{B}DE + AB\bar{D}$$

7.3 ドントケアがある場合のクワイン・マクラスキ法

次にドントケアがある場合の Q-M 法についてみていこう．前節と異なる点は以下の通りである．

1. ドントケア項を最小項に展開し，それを最小項のリストに追加する
2. ドントケアの最小項には区別できるように印をつける
3. ドントケアの最小項も含めて併合する
4. ドントケアの最小項同士の併合の場合は先の印を残す
5. 主項–最小項表にはドントケアの最小項は含めない

では，これらを踏まえて以下の関数を例にドントケアのある簡単化を示す．

$$F = WXY\bar{Z} + WX\bar{Y}\bar{Z} + \bar{W}XY\bar{Z}$$
$$+ \bar{W}X\bar{Y}\bar{Z} + W\bar{X}YZ + W\bar{X}\bar{Y}Z$$
$$F_{DC} = XZ$$

この関数は 4 変数 (W, X, Y, Z) であり，ドントケア項は XZ である．これを最小項に展開すると，$\bar{W}X\bar{Y}Z, \bar{W}XYZ, WX\bar{Y}Z, WXYZ$ がドントケア派生の最小項として追加される．これらを加味した初期表を表 7.9 に示す．ドントケア派生の最小項のラベルには { } を付けている．

▶[表7.9]
主項欄に √ されているのは，次で各最小項が併合されるためである．この表が作成された時点では空欄である．

表 7.9 初期表

最小項	ラベル	W	X	Y	Z	主項
$\bar{W}X\bar{Y}\bar{Z}$	4	0	1	0	0	√
$\bar{W}X\bar{Y}Z$	{5}	0	1	0	1	√
$\bar{W}XY\bar{Z}$	6	0	1	1	0	√
$W\bar{X}\bar{Y}Z$	9	1	0	0	1	√
$WX\bar{Y}\bar{Z}$	12	1	1	0	0	√
$\bar{W}XYZ$	{7}	0	1	1	1	√
$W\bar{X}YZ$	11	1	0	1	1	√
$WX\bar{Y}Z$	{13}	1	1	0	1	√
$WXY\bar{Z}$	14	1	1	1	0	√
$WXYZ$	{15}	1	1	1	1	√

次はこの初期表の併合を行う．併合はこれまでと同じだがドントケア項同士の併合は { } をつけたままにするが，ドントケア項と元の関数の項との併合時には削除する．1 が 1 個のグループから順に併合して作成したリテラル消去表が表 7.10 である．初期表のドントケア派生を含めたの最小項はすべて併合されたので，初期表には主項が無いことになる．

さらに併合を進め，リテラル消去表を更新すると表 7.11 のようになる．一方，表 7.9 は，すべて併合されたので主項欄はすべて √ される．

表 7.11 リテラル消去表 2 はまだ併合できるので，さらに更新すると表 7.13 リテラル消去表 3 になる．このとき，表 7.12 のリテラル消去表 2（更新）に示すように，ラベル 9,11,13,15(2,4) は併合されなかったので主項である．リテラル消去表 3 はこれ以上併合できないので主項である．したがって，主項は 2 つとなる．

▶[表7.10]
前と同様に主項欄に √ されているのは，次で各最小項が併合されるためである．

次は主項–最小項表の作成である．このとき，最小項にドントケア派生の

88　7章　組合せ回路の最適化設計2

表 **7.10**　リテラル消去表

ラベル	W	X	Y	Z	主項
4,5(1)	0	1	0	–	√
4,6(2)	0	1	–	0	√
4,12(8)	–	1	0	0	√
{5,7(2)}	0	1	–	1	√
{5,13(8)}	–	1	0	1	√
6,7(1)	0	1	1	–	√
6,14(8)	–	1	1	0	√
9,11(2)	1	0	–	1	√
9,13(4)	1	–	0	1	√
12,13(1)	1	1	0	–	√
12,14(2)	1	1	–	0	√
{7,15(8)}	–	1	1	1	√
11,15(4)	1	–	1	1	√
{13,15(2)}	1	1	–	1	√
14,15(1)	1	1	1	–	√

表 **7.11**　リテラル消去表 2

ラベル	W	X	Y	Z	主項
4,5,6,7(1,2)	0	1	–	–	
4,5,12,13(1,8)	–	1	0	–	
4,6,12,14(2,8)	–	1	–	0	
{5,7,13,15(2,8)}	–	1	–	1	
9,11,13,15(2,4)	1	–	–	1	
12,13,14,15(1,2)	1	1	–	–	
6,7,14,15(1,8)	–	1	1	–	

表 **7.12**　リテラル消去表 2 (更新)

ラベル	W	X	Y	Z	主項
4,5,6,7(1,2)	0	1	–	–	√
4,5,12,13(1,8)	–	1	0	–	√
4,6,12,14(2,8)	–	1	–	0	√
{5,7,13,15(2,8)}	–	1	–	1	√
9,11,13,15(2,4)	1	–	–	1	*p
12,13,14,15(1,2)	1	1	–	–	√
6,7,14,15(1,8)	–	1	1	–	√

表 **7.13**　リテラル消去表 3

ラベル	W	X	Y	Z	主項
4,5,6,7,12,13,14,15(1,2,8)	–	1	–	–	*q

ラベル 5,7,13,15 は不要である．表 7.14 に作成した主項–最小項表を示す．表から分かるように，すべての最小項が特異最小項で，主項 *p も *q も必須主項である．

表 **7.14**　主項–最小項表

ラベル	最小項	主項	4	6	9	11	12	14
			√	√	√	√	√	√
9,11,13,15(2,4)	√	*p			◎	◎		
4,5,6,7,12,13,14,15(1,2,8)	√	*q	◎	◎			◎	◎

$*p$ は $(W,X,Y,Z)=(1,-,-,1)$，$*q$ は $(W,X,Y,Z)=(-,1,-,-)$ であるから，$*p = WZ$, $*q = X$ となり，求める最小積和形は，

$$F = WZ + X$$

である．

　以上のようにドントケアを含む論理関数の最小化も Q-M 法で実行することができる．

7.4 クワイン・マクラスキ法の問題点

カルノー図を用いた簡単化では，論理変数が5変数以上になると人間が被覆範囲を識別するのも図上に図示するのも困難になり，事実上簡単化が行えなくなる．また，コンピュータで処理することも難しい．一方，Q-M法はそれらの問題を解決する優れたアルゴリズムであるが，問題がないわけではない．

Q-M法はコンピュータで処理可能な優れた方法ではあるが，変数が多くなると指数関数的にメモリ量と計算時間がかかるようになり，現実問題として解けなくなる．したがって，厳密解ではないが現実的な時間内で解くヒューリスティック（発見的）な近似解法が数多く提案され，実用化されている．UCLA で開発された PRESTO や IBM 社の MINI，ESPRESSO が有名である．これらのアルゴリズムについては，文献 4) が詳しい．

▶[Q-M 法の問題]
難しい言葉でいうと，充足可能性問題であるため NP 困難であるから．具体的にいうと，n 変数関数における主項の数の上限が $3^n \ln(n)$ となるため，$n = 32$ の場合，主項の数は 6.4×10^{15} を超えることになる．これらからすべての最小項を被覆する最小の組合せをみつけなければならない．これを最小被覆問題といい NP 困難なのである（詳細は文献 6) を参照のこと）．つまり，どんどん変数が多くなると膨大な数の主項を扱わなければならないことがイメージできると思う．

[7章のまとめ]

この章では，以下のことを学びました．

- 2段論理最小化のアルゴリズムであるクワイン・マクラスキ法（Q-M法）を説明した．
- Q-M法は厳密な解を求めることができ，かつコンピュータ処理に向いたアルゴリズムである．
- Q-M法は最小項を併合してすべての主項を求め，すべての最小項を被覆する主項の組をみつけることで最小化を行う．
- ドントケアを含む簡単化も容易である．
- Q-M法は論理変数が多くなるとメモリ量と計算量が指数関数的に増加するという問題がある．

Q-M法は2段論理最小化を行う優れた方法ですが制約もありました．しかし，実行可能サイズまで分解すれば使えるわけで，実際に様々なツールの中でこのアルゴリズムは使われています．おそらく今後も使われ続けると思います．

次の章では2段論理最小化を含めもう少し広い範囲で最適化設計について考えてみたいと思います．

90   7章　組合せ回路の最適化設計 2

7章　演習問題

[A. 基本問題]

問 7.1 下記の文章の空欄を埋めなさい.

クワイン・マクラスキ法（以下，Q-M 法）を用いた（ア）は，コンピュータ処理が可能であることからカルノー図では困難な多変数論理関数にも適用できる. Q-M 法の概略アルゴリズムは，（イ）から作る初期表と併合によってできるリテラル消去表を用いた（ウ）の決定と，そこで求めた（ウ）と（イ）の対応表の作成からなり，この表から（エ）をみつけ，これを含む選択した（ウ）をすべて OR して求めた論理式が（オ）である.

問 7.2 次の論理式を Q-M 法を用いて 2 段論理最小化しなさい.

$$F = \bar{A}\bar{B}\bar{C}D + \bar{A}\bar{B}CD + \bar{A}B\bar{C}\bar{D} + \bar{A}BC\bar{D}$$
$$+ A\bar{B}\bar{C}\bar{D} + A\bar{B}\bar{C}D + A\bar{B}C\bar{D} + A\bar{B}CD + ABC\bar{D}$$

問 7.3 次の論理式を Q-M 法を用いて 2 段論理最小化しなさい. ただし，$B\bar{C}\bar{D}$ はドントケアである.

$$F = \bar{A}B\bar{C}D + A\bar{B}\bar{C}D + AB\bar{C}D + A\bar{B}C\bar{D}$$
$$+ \bar{A}\bar{B}C\bar{D} + A\bar{B}\bar{C}\bar{D} + \bar{A}\bar{B}\bar{C}\bar{D}$$

[B. 応用問題]

問 7.4 2 進数 5 桁の数値を入力とし，その数が素数のとき 1 を出力する回路を設計しなさい. ただし，0 と 1 はドントケアとする.

[C. 発展問題]

問 7.5 Q-M 法は変数が多いと爆発的にメモリ量と計算時間が必要となるという問題がある. それ以外にどのような問題があるか調べなさい.

7章　演習問題解答

[A. 基本問題]

問 7.1 解答　（ア）2段論理最小化，（イ）最小項，（ウ）主項，（エ）必須主項，（オ）最小積和形

問 7.2 解答　Q-M 法による解法は次の通り．

表 **7.15**　初期表

最小項	ラベル	A	B	C	D	主項
$\bar{A}\bar{B}\bar{C}D$	1	0	0	0	1	√
$\bar{A}B\bar{C}\bar{D}$	4	0	1	0	0	√
$A\bar{B}\bar{C}\bar{D}$	8	1	0	0	0	√
$\bar{A}\bar{B}CD$	3	0	0	1	1	√
$\bar{A}BC\bar{D}$	6	0	1	1	0	√
$A\bar{B}\bar{C}D$	9	1	0	0	1	√
$A\bar{B}C\bar{D}$	10	1	0	1	0	√
$A\bar{B}CD$	11	1	0	1	1	√
$ABC\bar{D}$	14	1	1	1	0	√

表 **7.16**　リテラル消去表 1

ラベル	A	B	C	D	主項
1,3(2)	0	0	−	1	√
1,9(8)	−	0	0	1	√
4,6(2)	0	1	−	0	$*p$
8,9(1)	1	0	0	−	√
8,10(2)	1	0	−	0	√
3,11(8)	−	0	1	1	√
6,14(8)	−	1	1	0	$*q$
9,11(2)	1	0	−	1	√
10,11(1)	1	0	1	−	√
10,14(4)	1	−	1	0	$*r$

表 **7.17**　リテラル消去表 2

ラベル	A	B	C	D	主項
1,3,9,11(2,8)	−	0	−	1	$*s$
8,9,10,11(1,2)	1	0	−	−	$*t$

表 **7.18**　主項–最小項表

ラベル		最小項 主項	1	3	4	6	8	9	10	11	14
			√	√	√	√	√	√	√	√	√
4,6(2)	√	$*p$			◎	○					
6,14(8)		$*q$				○					○
10,14(4)		$*r$							○		○
1,3,9,11(2,8)	√	$*s$	◎	◎				○		○	
8,9,10,11(1,2)	√	$*t$					◎	○	○	○	

最小項ラベル 14 だけ一意に決まらず，主項ラベル $*q = (-,1,1,0)$ もしくは $*r = (1,-,1,0)$ のどちらか
を選択する．これら以外の主項 $*p = (0,1,-,0)$, $*s = (-,0,-,1)$,$*t = (1,0,-,-)$ は必須主項である．
$*p = \bar{A}B\bar{D}$, $*q = BC\bar{D}$, $*r = AC\bar{D}$, $*s = \bar{B}D$, $*t = A\bar{B}$ であり，最小積和形は次の F_0 もしくは F_1 で
ある．

$$F_0 = \bar{A}B\bar{D} + BC\bar{D} + \bar{B}D + A\bar{B} \quad \text{もしくは} \quad F_1 = \bar{A}B\bar{D} + AC\bar{D} + \bar{B}D + A\bar{B}$$

問 7.3 解答　Q-M 法による解法は次の通り．

表 **7.19**　初期表

最小項	ラベル	A	B	C	D	主項
$\bar{A}\bar{B}\bar{C}\bar{D}$	0	0	0	0	0	√
$\bar{A}\bar{B}C\bar{D}$	2	0	0	1	0	√
$\bar{A}B\bar{C}\bar{D}$	{4}	0	1	0	0	√
$A\bar{B}\bar{C}\bar{D}$	8	1	0	0	0	√
$\bar{A}B\bar{C}D$	5	0	1	0	1	√
$A\bar{B}\bar{C}D$	9	1	0	0	1	√
$A\bar{B}C\bar{D}$	10	1	0	1	0	√
$AB\bar{C}\bar{D}$	{12}	1	1	0	0	√
$AB\bar{C}D$	13	1	1	0	1	√

表 **7.20**　リテラル消去表 1

ラベル	A	B	C	D	主項
0,2(2)	0	0	−	0	√
0,4(4)	0	−	0	0	√
0,8(8)	−	0	0	0	√
2,10(8)	−	0	1	0	√
4,5(1)	0	1	0	−	√
{4,12(8)}	−	1	0	0	√
8,9(1)	1	0	0	−	√
8,10(2)	1	0	−	0	√
8,12(4)	1	−	0	0	√
5,13(8)	−	1	0	1	√
9,13(4)	1	−	0	1	√
12,13(1)	1	1	0	−	√

表 7.21　リテラル消去表2

ラベル	A	B	C	D	主項
0,2,8,10(2,8)	–	0	–	0	*p
0,4,8,12(4,8)	–	–	0	0	*q
4,5,12,13(1,8)	–	1	0	–	*r
8,9,12,13(1,4)	1	–	0	–	*s

表 7.22　主項–最小項表

ラベル	主項	0	2	5	8	9	10	13
最小項		√	√	√	√	√	√	√
0,2,8,10(2,8) √	*p	○	◎		○		◎	
0,4,8,12(4,8)	*q	○			○			
4,5,12,13(1,8) √	*r			◎				○
8,9,12,13(1,4) √	*s					○	◎	○

必須主項 $*p = (-,0,-,0)$, $*r = (-,1,0,-)$, $*s = (1,-,0,-)$ から，$*p = \bar{B}\bar{D}$, $*r = B\bar{C}$, $*s = A\bar{C}$ であり，最小積和形は，$F = \bar{B}\bar{D} + B\bar{C} + A\bar{C}$ となる．

[B. 応用問題]

問 7.4　解答　Q-M 法による解法は次の通り．

表 7.23　初期表

最小項	ラベル	A	B	C	D	E	主項
$\bar{A}\bar{B}\bar{C}\bar{D}\bar{E}$	{0}	0	0	0	0	0	√
$\bar{A}\bar{B}\bar{C}\bar{D}E$	{1}	0	0	0	0	1	√
$\bar{A}\bar{B}\bar{C}D\bar{E}$	2	0	0	0	1	0	√
$\bar{A}\bar{B}\bar{C}DE$	3	0	0	0	1	1	√
$\bar{A}\bar{B}C\bar{D}E$	5	0	0	1	0	1	√
$A\bar{B}\bar{C}\bar{D}E$	17	1	0	0	0	1	√
$\bar{A}\bar{B}CDE$	7	0	0	1	1	1	√
$\bar{A}B\bar{C}DE$	11	0	1	0	1	1	√
$\bar{A}BC\bar{D}E$	13	0	1	1	0	1	√
$A\bar{B}\bar{C}DE$	19	1	0	0	1	1	√
$A\bar{B}CDE$	23	1	0	1	1	1	√
$ABC\bar{D}E$	29	1	1	1	0	1	√
$ABCDE$	31	1	1	1	1	1	√

表 7.24　リテラル消去表1

ラベル	A	B	C	D	E	主項
{0,1(1)}	0	0	0	0	–	√
0,2(2)	0	0	0	–	0	√
1,3(2)	0	0	0	–	1	√
2,3(1)	0	0	0	1	–	√
1,5(4)	0	0	–	0	1	√
1,17(16)	–	0	0	0	1	√
3,7(4)	0	0	–	1	1	√
3,11(8)	0	–	0	1	1	*p
3,19(16)	–	0	0	1	1	√
5,7(2)	0	0	1	–	1	√
5,13(8)	0	–	1	0	1	*q
17,19(2)	1	0	0	–	1	√
7,23(16)	–	0	1	1	1	√
13,29(16)	–	1	1	0	1	*r
19,23(4)	1	0	–	1	1	√
23,31(8)	1	–	1	1	1	*s
29,31(2)	1	1	1	–	1	*t

表 7.25　リテラル消去表2

ラベル	A	B	C	D	E	主項
0,1,2,3(1,2)	0	0	0	–	–	*u
1,3,5,7(2,4)	0	0	–	–	1	*v
1,3,17,19(2,16)	–	0	0	–	1	*w
3,7,19,23(4,16)	–	0	–	1	1	*x

表 7.26　主項–最小項表

ラベル	主項	2	3	5	7	11	13	17	19	23	29	31
最小項		√	√			√		√	√			
3,11(8) √	*p		○			◎						
5,13(8)	*q			○			○					
13,29(16)	*r						○				○	
23,31(8)	*s									○		○
29,31(2)	*t										○	○
0,1,2,3(1,2) √	*u	◎	○									
1,3,5,7(2,4)	*v		○	○	○							
1,3,17,19(2,16) √	*w		○					◎	◎			
3,7,19,23(4,16)	*x		○		○				○	○		

2 進数 5 桁の素数は，{2,3,5,7,11,13,17,19,23,29,31} である．ドントケアの {0,1} と併せて初期表を作り併合していくと，主項は以下の通り．

$$*p = \bar{A}\bar{C}DE, *q = \bar{A}C\bar{D}E, *r = BC\bar{D}E, *s = ACDE,$$
$$*t = ABCE, *u = \bar{A}\bar{B}\bar{C}, *v = \bar{A}\bar{B}E, *w = \bar{B}\bar{C}E, *x = \bar{B}DE$$

$*p, *u, *w$ は必須主項である．これらと他の主項でカバーすると，最小積和形は次の $F_0 = *p + *r + *s + *u + *v + *w$ もしくは $F_1 = *p + *q + *t + *u + *w + *x$ になる．したがって，

$$F_0 = \bar{A}\bar{C}DE + BC\bar{D}E + ACDE + \bar{A}\bar{B}\bar{C} + \bar{A}\bar{B}E + \bar{B}\bar{C}E$$

もしくは，

$$F_1 = \bar{A}\bar{C}DE + \bar{A}C\bar{D}E + ABCE + \bar{A}\bar{B}\bar{C} + \bar{B}\bar{C}E + \bar{B}DE$$

である.

［C. 発展問題］

問 7.5 解答例

多出力論理回路の最小化ができない．Q-M 法は個々の出力に対して最小積和形を求めることができるが，全体として最小になるという保証はない．一般的に多出力回路の最小化では，すべての出力を同時に考慮する必要がある．

8章　組合せ回路の最適化設計3
——多段論理最小化——

[ねらい]

これまでカルノー図を使う方法とクワイン・マクラスキ法による2段論理最小化をみてきました．クワイン・マクラスキ法は優れた方法ですが万能ではなく，いろいろ問題がありました．その一つが多段論理回路や多出力論理回路の最小化には適用できないという問題です．

本章ではその多段論理回路の最小化の方法について解説します．ただ，ちょっと高度な内容になるためアウトラインだけにとどめることにします．テクノロジ非依存の最適化方法を中心に説明しますが，最後にテクノロジ依存の方法，すなわち，実際の設計でも用いられているテクノロジマッピングについても簡単な紹介をします．

[事前学習]

本章はやや高度な内容ですので，理解できなくても全体的に目を通すようにしてください．可能なら本文で記述されている具体例は自分の手でやりながら読むようにしてください．

[この章の項目]

多段論理最小化，ファクタリング，ファクタードフォーム，ブーリアンネットワーク，代数的除算，論理的除算，テクノロジマッピング

8.1 多段論理最小化

2段論理回路の最小化は，論理段数を積和の2段とすることで時間最小を保証し，論理の簡単化を行うことで空間最小を求める方法であった．これは PLA などのデバイスを利用する上で有用である．しかし，一般的な LSI 設計ではより大規模な回路を設計しなければならないが，2段論理だけでは大規模な回路は表現できない．簡単な例で考えてみよう．クワイン・マクラスキ法では6変数でも最小積和形を求めることができるが，その主項の数は数十になる場合もある．つまり，2段論理最小化の場合，後段の論理和は数十入力の OR ゲートを使わなければならない．これはさすがに現実的ではないのがわかる．

つまり，より大規模な組合せ回路を設計しようとするときは，よりコンパクトに表現する必要がある．コンパクトとは，言い換えれば空間最適化であるから，それを実現するためには2段という時間制約を外すしかない．すなわち，論理回路が多段になる（時間サイズが増大する）ことを許すという前提で論理回路の空間最適化を図ることが必要である．これを多段論理最小化という（図 8.1）．

▶[PLA]
Programmable Logic Array, PLD (Programmable Logic Device) の一種で AND アレイと OR アレイの組合せで任意の論理回路（組合せ回路）を実現するデバイス．このデバイスに実装する回路の設計は，2段論理最小化で最小積和形を作ることが求められる．

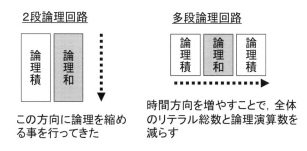

図 8.1　2段論理最小化と多段論理最小化の違い

ここで考えなければならないことが3つある．

1. 多段論理の最小化方法
2. 多段論理の表現方法
3. 多出力論理回路への展開

1. の多段論理の最小化方法は効率的な厳密解法は発見されていない．2段論理最適化とは異なり，実際の回路では LSI の面積や遅延，消費電力など様々な制約条件が加わり，自由度が格段に増えるため，その条件によって最適な多段論理回路も複数あるためである．したがって，厳密な最適多段回路を設計することは困難を極める．本章では，これまでに考案されてきた設計方法の概要を説明する．

2. の多段論理の表現方法は，これまでの論理式や BDD だけで多段論理回路を表現するのは煩雑になる．ここでは，新たな表現方法が考え出されてきたブーリアンネットワークについてまとめる．

3. の多出力論理回路への展開は，多段論理回路の次は，多出力論理回路

について考えなければならなくなる. この2つは同じ考え方を用いてより小さい表現を追及するという点において共通である. 本章の後半で述べる.

ここまでの話は, 主として多段論理回路の「テクノロジ非依存」の最適化である. しかし, 現実の LSI 設計ではテクノロジ依存の最適化も行われているので, この章の最後の話として, テクノロジマッピングを取り上げる. これはテクノロジ依存の技術ではあるが, 実際の LSI 設計に欠かせない技術であるので, ここで解説する.

8.2 ファクタリング

多段論理最小化の基本は共通項の括り出しである. これによって, リテラル総数や論理演算数を減らす. 次の例は, 最小積和形ではリテラル総数が 12 で論理演算数が 5, その内訳は 3 入力 AND が 4, 4 入力 OR が 1 である. それを共通項で括り出し多段論理簡単化をすると, リテラル総数が 6, 論理演算数が 5, その内訳はすべて 2 入力 AND と OR 演算である.

$$F = WXZ + \bar{W}\bar{X}Y + WXY + \bar{W}\bar{X}Z \tag{8.1}$$
$$= WX(Y + Z) + \bar{W}\bar{X}(Y + Z) \tag{8.2}$$
$$= (WX + \bar{W}\bar{X})(Y + Z) \tag{8.3}$$

このように共通項をくくりだした論理式をファクタードフォームという. ファクタードフォームの定義は次の通りである.

定義 20 (ファクタードフォーム)

ファクタードフォームは以下の規則により再帰的に定義される.

1. 積とは単一のリテラルかファクタードフォームの積である.
2. 和とは単一のリテラルかファクタードフォームの和である.
3. ファクタードフォームとは積か和である.

ファクタリングは, 与えられた論理式からそれと同一の論理関数を表すより簡潔なファクタードフォームを生成する処理である. そして, ファクタードフォームを用いたより大規模な多段論理回路を表現する方法にはブーリアンネットワークを用いる. ブーリアンネットワークの定義は次の通りである.

▶[テクノロジ非依存]
ここでいうテクノロジとは, LSI の設計・製造上のパラメータ等の違いを表している. たとえば, LSI 製造ラインが異なれば, プロセステクノロジも異なり, セルライブラリ (詳細は P.103 を参照のこと) も違う. これらに依存した最適化もあるが, ここではこのようなテクノロジに依存した議論ではなく, 共通技術としての最適化手法にあたる.

▶[ファクタードフォーム]
Factored form, ファクタードフォームは一関数で一意には決まらない. 一般的なファクタードフォームの評価基準はリテラル総数である. また, ファクタードフォームを生成する効率的な厳密解法も存在しないため, ヒューリスティックな近似解法が用いられる.

> **定義 21（ブーリアンネットワーク）**
>
> ブーリアンネットワークは非巡回有向グラフで，入力ノード，論理ノード，出力ノードからなる．
>
> 1. 入力ノードは回路外部からの入力を示し，入力エッジを持たない．
> 2. 論理ノードは内部に論理関数を持ち，入力エッジはその論理関数の論理変数である．出力エッジはその論理関数の出力である．
> 3. 出力ノードは回路の出力を表し，ただ一つの入力エッジを持ち，そのエッジは論理ノードの出力である．

▶ [ブーリアンネットワーク]
　Boolean network，ブーリアンネットワークは，元来，論理表現をするためのモデルではなく，グラフ理論において様々な解析や制御を行うために用いられている数理モデルである．ここでは論理回路設計にブーリアンネットワークを応用していると考えたほうが正しい．他のネットワークモデルにはランダムブーリアンネットワーク (RBN) や確率ブーリアンネットワーク (PBN) などがある．

例として式 (8.1) をブーリアンネットワークで表現すると図 8.2 のようになる．

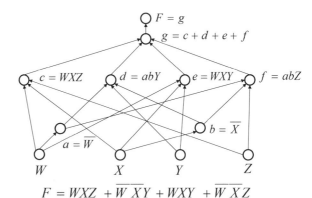

図 **8.2**　式 (8.1) のブーリアンネットワーク表現

それに対し，同じ論理関数をファクタードフォームに変形した式 (8.3) は，図 8.3 に示すようにブーリアンネットワークが簡潔になる．

▶ [BDD とブーリアンネットワーク]
　論理関数をグラフ表現する方法として 4.5.3 節で BDD を説明したが，ブーリアンネットワークと BDD は何が異なるのだろうか．その答えは，BDD は論理関数の性質（機能）をグラフで表現したもので，ブーリアンネットワークは論理関数の構造をグラフで表現したものである．ブーリアンネットワークでは，論理関数の構造が変われば異なる表現になるが，BDD では同じ論理関数であれば基本的には変わらない．したがって，最小積和形とファクタードフォームでは同じ論理関数なので BDD は同じだが，ブーリアンネットワークは異なる．

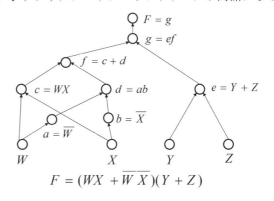

図 **8.3**　式 (8.3) のブーリアンネットワーク表現

図 8.2 の例は最小積和形をブーリアンネットワークで表現し，図 8.3 はファクタードフォームを同じくブーリアンネットワークで表現した．このように，ブーリアンネットワークは柔軟に論理関数の構造を表現できるた

め，実際の LSI 設計で使われている.

さて，このようなファクタリングをどのように行えばいいのだろうか. 次にその中核となる論理式に対する「除算 (division)」について説明する.

8.3 論理式の除算

論理式の除算は，算術の除算とは異なり解が一意に決まらないという特徴がある. まず，除算は次のように定義する.

定義 22（除算）

与えられた積和形の論理式 F と P に対し，次の 2 つの積和形の論理式 Q と R をつくる演算子 ∘ を除算 (division) という.

$$Q, R = F \circ P$$
$$F = P \cdot Q + R$$

Q を商，R を余りという.

論理式の除算の場合，式を変形することで様々に変化する. たとえば，

$$F = XY + Z + W$$

は，

$$F = (X + Z)(Y + Z) + W \tag{8.4}$$
$$= (X + Z)(Y + Z + W) + (Z + W) \tag{8.5}$$

のように書くことができる. 式 (8.4) も式 (8.5) も論理関数的には同値である. ここで $P = X + Z$ として，$Q, R = F \circ P$ を行う. 式 (8.4) の方は，

$$Q = Y + Z, R = W$$

となるが，一方，式 (8.5) の方は，

$$Q = Y + Z + W, R = Z + W$$

となる. つまり，同じ論理式でも解は一意に決まらないのである. これは，論理代数が，べき等則 ($X \cdot X = X, X + X = X$) や相補則 ($X \cdot \overline{X} = 0$, $X + \overline{X} = 1$) をもつためである. しかし，除算の計算において，このような状態が発生しない場合は一意に決まる. 具体的には P と Q が互いに素，すなわち共通の変数を持たない場合にあたる. また，この条件を満たす $P \cdot Q$ を代数的な積 (Algebraic product) といい，そうでない場合を論理的な積 (Boolean product) という. 同様に，除算演算子 ∘ もこの条件を満たせば代数的除算 (Algebraic division) と同じであるが，満たせなければ純粋な論理的除算 (Boolean division) となる. つまり，解が一意に求まるのは代数的除算の場合であり，その代表的な除算に弱い除算 (Weak division) がある. 弱い除算は次のように定義される.

▶[代数的除算と論理的除算]
算術的除算 (Arithmetic division) は数値計算であり，代数的除算 (Algebraic division) は，$y = x^3 - x + 3, f = x + 2, y/f = x^2 - 2x + 3, r = -5$ のような多項式の除算をイメージしていただければ良い. それに対し，論理的除算 (Boolean division) はより複雑である. お互いに素という条件を満たせば代数的な積として除算できるが，そうでなければ困難になる.

> **定義 23（弱い除算）**
> 与えられた積和形の論理式 F とし，同じく積和形論理式 P を除数，
> 論理式 Q を商，論理式 R を余りとする．
> 1. $P \cdot Q$ は代数的な積である
> 2. R は最小積和形である
> 3. $Q = F/P$ は，$F = P \cdot Q + R$ を満足する積和形

弱い除算の方法は以下の通り．
 1. P のある積項を F の積項から括り出す
 2. P のすべての積項に対して同様の操作を行う
 3. できた式から共通項を括り出す

　具体的にみてみよう．

$$F = WX + WY + WZ + XY + XZ$$
$$P = W + X$$

とする．ここで P の各積項（この場合はリテラル W と X）で F から括り出しを行うと，

$$F = WX + W(Y + Z) + X(Y + Z)$$

となる．ここから共通項の $(Y + Z)$ を括り出せば，

$$F = WX + (W + X)(Y + Z)$$

となり，

$$Q = F/P = Y + Z$$
$$R = WX$$

である．

　このように積和形論理式中に現れる共通な部分論理式をカーネル ($K = F/C$;kernel) と呼び，そのカーネルを得るのに用いる積項 C をコ・カーネル (co-kernel) という．このカーネルとコ・カーネルを列挙し，その組合せからファクタリングを行うことができる．しかし，問題は最適を保証することはできていない点にある．これらについては様々な研究がなされているが，決定的なアルゴリズムはまだ発見されていないのである．このファクタリングに関しては，文献 4) と文献 6) が詳しい．

8.4　多出力論理回路の最適化

　さて，これまで多段論理の最小化をするために共通項で括り出す方法を説明してきた．その結果，ファクタードフォームというコンパクトな論理式を得ることができた．これはある論理関数内での最適化，いわば局所最適化である．これを複数の論理関数に拡大すると，多出力論理回路の最適化になる．すなわち，各論理関数の共通項を見つけ出し，それをまとめた

ブーリアンネットワークを構築することで多出力論理回路を簡単化する．

複数の積和形論理式の共通部分論理式を求めるためには，カーネルの共通な部分論理式を求めればよい．また，カーネルの共通な部分論理式がなければ，各論理式の共通の積項をみつける．これら共通項が複数ある場合は，リテラル総数など基準に最も簡単になる組合せを探索する．

では，具体的にみていこう．下記の3つの論理関数の最適化について考える．

$$F = VW + VY + WX + XY + WZ + YZ$$
$$H = VWX + VWY + VWZ$$
$$G = XY + YZ + VW$$

まずは，ファクタリングせずに共通の積項で括り出してみる．上記3式から，

$$L = VW$$
$$M = YZ$$
$$N = XY$$

が共通項としてみつかり，これを用いて括り出すと，

$$F = L + VY + WX + N + WZ + M$$
$$H = (X + Y + Z)L$$
$$G = N + M + L$$

となり，ブーリアンネットワークは，図8.4のようになる．積項 L, M, N と多くが共通項として括り出しでき，積項数も15から10に減った．しかし，これが最適かどうかは分からない．

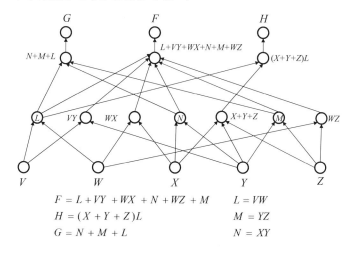

図 8.4 共通の積項の抽出によって共通化したブーリアンネットワーク表現

次にファクタリングを実施した場合について考えてみよう．ファクタリングの結果は次のようになる．

$$F = (V + X + Z)(W + Y)$$
$$H = (X + Y + Z)VW$$
$$G = (X + Z)Y + VW$$

ここで共通項として,

$$L = X + Z$$
$$M = VW$$

を用いて括り出すと,

$$F = (V + L)(W + Y)$$
$$H = (Y + L)M$$
$$G = LY + M$$

となる．この多出力論理回路のブーリアンネットワークを図 8.5 に示す．ファクタードフォームに変形した場合，元の論理式より積項数が少ない上に共通項の括り出しにより，積項数は 9 まで減った．

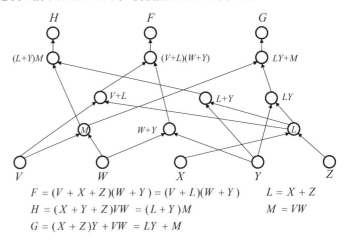

図 8.5 積項とファクタードフォームの共通項の抽出により共通化したブーリアンネットワーク表現

このように積項やカーネルの共通項は複数種類あり，その組合せで結果は変わる．最適解を得るためには共通の積項，カーネル／コ・カーネルの組合せを網羅的に探索し，その最小になる組合せをみつけなければならない．大規模になればこの組合せは膨大な数になるため，厳密解を求めるのは非常に困難である．したがって，近似解法で現実的な解を得る方法が一般的になっている．

8.5 テクノロジマッピング

ここまでの説明は，多出力で大規模な回路をファクタードフォームを用

いて少ないリテラル総数や積項数で表現する方法について述べてきた．これは実装するLSIのテクノロジに依存しないので，テクノロジ非依存の最適化という．ここからはさらに実際の設計に即した最適化（テクノロジ依存最適化）について説明する．

LSI設計には，以下に示す3つのフェーズが必要である．
1. 機能を実現する論理構造を決定するプロセス
2. その論理が正しいことを確認する検証プロセス
3. 物理構造を決め，LSI製造用のデータに変換するプロセス

1.の「機能を実現する論理構造を決定するプロセス」を細分化すると，
   a. 機能表現から論理関数の生成
   b. 論理関数の論理的な最適化
   c. 論理関数の構造的な最適化

に分けられる．a.は，これまで大規模な回路については詳しく説明していないが，論理式を立てることや真理値表で表現することに相当する．b.はカルノー図やクワイン・マクラスキ法などによる2段論理最適化やファクタリングによる多段論理最適化である．そして，c.がテクノロジ依存の最適化として，LSI製造工程に依存した論理形式に変換する工程になる．

ここではASIC（Application Specific Integrated Circuit；特定用途向け集積回路）で広く使われているセルベース設計用のテクノロジマッピングについて述べる．

セルベース設計とは，LSI上の物理構造が規定されているNANDなどの基本論理ゲートやAND-OR-INVなどの複合ゲート，または加算器などの論理回路の集合を用いて回路を作る方法である．このようなゲートなどの集合をセルライブラリという．

セルを用いた設計の利点は，トランジスタのサイズや電気的な特性，物理的な位置関係を考慮しなくても設計できることにある．これにより，論理的な接続関係さえ正しく構築できれば，確実に動作できるLSIが簡単に作成できる．これを実現するためには，セルライブラリにあるゲートなどでルールに則った設計する必要がある．つまり，そのLSI製造に依存した設計になるのである．

具体的には，b.で最適化された論理回路をセルライブラリにあるセルで表現する．これをテクノロジマッピングという．セルライブラリは一種の万能論理関数集合であり，すべての論理を表現できることが保証されているから，一種の論理の変換で実現できることは明らかである．簡単な例を挙げれば，セルライブラリにNANDゲートだけが登録されているLSIで製造する場合，b.で最適化された論理回路をNANDゲートに変換すればよいということになる．つまり，この場合，P.71のNAND回路変換も一種のテクノロジマッピングといえる．

▶[AND-OR-INV]
AOI複合ゲート．以下のようなゲートを組合せたセルで，トランジスタレベルで最適設計されている．

では，一般的なテクノロジマッピングはどのように行われているのだろうか．

テクノロジマッピングの入力と出力

テクノロジマッピングの初期入力となる回路はブーリアンネットワークである．そして，テクノロジマッピングの出力もブーリアンネットワークである．しかし，各ノードの中身が異なる．

ブーリアンネットワークの各ノードにセルライブラリ中のセルもしくはセルの組合せを割り当てることがテクノロジマッピングの処理そのものであり，最小被覆が求められている．そのためには，入力のブーリアンネットワークはセルとマッチングが取りやすい形式が望まれる．

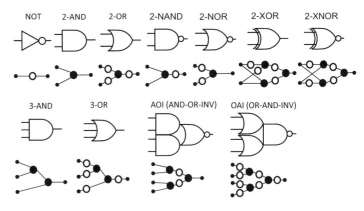

図 8.6　各ゲートの AIG 表現

▶[AIG 表現]
論理回路のグラフ表現の一種であり，入出力端子には ●，NOT には ○，AND には ● を用いる．

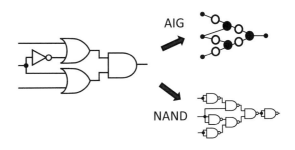

図 8.7　NAND ゲートや AIG に分解

これまでに多くの研究がされており，各ノードを 2 入力 NAND に分解されたグラフ表現や，図 8.6 に示した AIG(AND-INV graph) と呼ばれる AND ゲートと NOT ゲートのグラフで表現などが提案されている．図 8.7 に各ノードを NAND ゲートや AIG に分解した例を示す．このような分解されたグラフをサブジェクトグラフ (Subject graph) という．一方，セルライブラリのセルもグラフ表現する．これをパターングラフという．つまり，テクノロジマッピングは，サブジェクトグラフのすべてのノードを被覆するパターングラフの集合を求める問題に帰着する．これは一般的に NP

困難という解くことが難しい問題に分類されているため，厳密解を求めることは事実上困難である．

テクノロジマッピングのアルゴリズム

まず，テクノロジマッピングを定式化する．ブーリアンネットワークの各ノードの論理式を AIG などのグラフ表現にすると，その全体は DAG（Directed Acyclic Graph; 有向非巡回グラフ）になる．一方，セルライブラリの各セルは，マクロセル等を除けば1出力の論理回路であるから，グラフ表現すると tree（木）になる．つまり，テクノロジマッピングは DAG を tree で最小カバリング（被覆）する問題といえる．これは大変難しい問題であるから，厳密解をあきらめて，最適ではないかもしれないが現実的な時間で解けるように問題を縮小する．その方法が DAG を tree に分解する方法である．

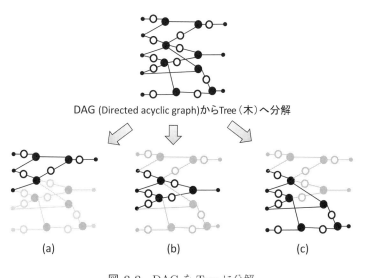

図 8.8　DAG を Tree に分解

一般的なブーリアンネットワークは多入力多出力の論理回路を表現できるが，1つの出力に注目すれば，多入力1出力の論理回路が複数畳み込まれていると解釈できる．ここではこれを利用する．図 8.8 に示したように，DAG の一つの出力に着目し，それに関係しているノードのみの tree を構成する．その一つの tree をサブジェクトグラフとして，パターングラフ (tree) とマッチングを取る．これを出力数だけ実施し，それらを合成することでセル表現のブーリアンネットワークを得る．これを tree カバリング問題といい，動的計画法 (Dynamic Programming; DP) で解くことができる．

このようにテクノロジマッピングはまだ研究途上であり，設計条件やテクノロジが変わると新たな最適化問題が出現し，それに対する新しいアルゴリズムを開発する，という繰り返しである．本書ではこれ以上詳細を扱

う余地がない．ここでは，このような問題の背景とアウトラインを理解してもらえばよいと思う．

[8章のまとめ]

この章では，以下のことを学びました．

- 多段論理最適化の方法として共通項で括り出すファクタリングについて説明した．
- 多段論理式をファクタードフォームといい，それをブーリアンネットワークという表現方法で表した．
- ファクタリングの方法は，論理式の除算を基本とする．
- しかし，論理的除算は一意に解が求まらない．代数的除算ができる場合は解も求まる．
- 多出力論理回路の最適化も共通項の抽出が基本である．
- 共通の論理式をカーネルといい，カーネルを得るのに用いた積項をコ・カーネルという．
- カーネル，コ・カーネルの組合せを列挙し，その組合せから最小の被覆を見つけ出すことは大変難しい．
- テクノロジ依存の最適化としてテクノロジマッピングの方法について学んだ．

本章では組合せ回路の最適化方法としては少し高度な内容について説明しました．理解できたでしょうか．次章からは具体的な組合せ回路について学びます．

8章　演習問題

[A. 基本問題]

問 8.1 次の論理式をファクタードフォームにしなさい.
- (1) $F = VW\bar{X} + VWZ + V\bar{X}Y + VYZ$
- (2) $F = VWZ + WYZ + VXZ + XYZ + \bar{Z}$
- (3) $F = WXZ + XYZ + \bar{W}\bar{Y}Z$

問 8.2 次の論理式のブーリアンネットワークを示しなさい.
- (1) $F = (\bar{W}X + Y)(W + Z) + XYZ$
- (2) $F = (W + \bar{X})Y + X\bar{Y}Z + \bar{W}\bar{Z}$
- (3) $F = (W\bar{X} + \bar{W}X)(Y\bar{Z} + \bar{Y}Z)$

問 8.3 次の論理式の AIG を示しなさい.
- (1) $F = X\bar{Y} + \bar{X}Z$
- (2) $F = (X + \bar{Y})\bar{X} + YZ$
- (3) $F = X + \bar{Y}Z$

[B. 応用問題]

問 8.4 次の論理式のカーネル,コ・カーネルの組をすべて列挙しなさい.ただし,自分自身以外にカーネルを含まないカーネルのみとする.
- (1) $F = adf + aef + bdf + bef + cdf + cef + bfg + h$
- (2) $F = abcd + abce + efg + bcg$

問 8.5 次の多出力論理式をファクタリングして最小化しなさい.
$$F = adef + adg + bdef + bdg + ae$$
$$G = af + bf + cdg$$
$$H = cdef + cdg$$

[C. 発展問題]

問 8.6 テクノロジマッピングにおいて,DAG カバリングから tree カバリングに変更することでどのような弊害が出るか議論しなさい.

8章 演習問題解答

[A. 基本問題]

問 8.1 解答

$$(1) F = VW\bar{X} + VWZ + V\bar{X}Y + VYZ$$
$$= (W\bar{X} + WZ + \bar{X}Y + YZ)V$$
$$= (W(\bar{X} + Z) + Y(\bar{X} + Z))V$$
$$= (W + Y)(\bar{X} + Z)V$$

$$(2) F = VWZ + WYZ + VXZ + XYZ + \bar{Z}$$
$$= Z(VW + WY + VX + XY) + \bar{Z}$$
$$= Z(W(V + Y) + X(V + Y)) + \bar{Z}$$
$$= Z(W + X)(V + Y) + \bar{Z}$$

$$(3) F = WXZ + XYZ + \bar{W}\bar{Y}Z$$
$$= Z(WX + XY + \bar{W}\bar{Y})$$
$$= Z(X(W + Y) + \bar{W}\bar{Y})$$

問 8.2 解答

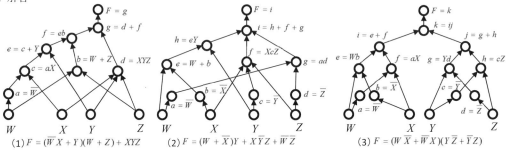

(1) $F = (\bar{\bar{W}}\bar{X} + Y)(W + Z) + XYZ$ (2) $F = (W + \bar{X})Y + X\bar{Y}Z + \bar{W}\bar{Z}$ (3) $F = (W\bar{X} + \bar{W}X)(Y\bar{Z} + \bar{Y}Z)$

問 8.3 解答

(1) $F = X\bar{Y} + \bar{X}Z$
$= (X + Z)(\bar{X} + \bar{Y})$

(2) $F = (X + \bar{Y})\bar{X} + YZ$
$= \bar{X}\bar{Y} + YZ$
$= (\bar{Y} + Z)(\bar{X} + Y)$

(3) $F = X + \bar{Y}Z$

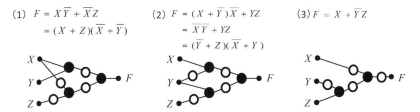

[B. 応用問題]

問 8.4 解答

(1){Kernel,Co-kernel}={$d+e, af$},{$d+e, cf$},{$d+e+g, bf$},{$a+b+c, df$},{$a+b+c, ef$}

(2){Kernel, Co-kernel}={$d+e, abc$},{$abc+fg, e$},{$ef+bc, g$}

問 8.5 解答

F はファクタリングすると,
$$F = adef + adg + bdef + bdg + ae$$
$$= ad(ef + g) + bd(ef + g) + ae$$
$$= (ad + bd)(ef + g) + ae$$
$$= (a + b)(ef + g)d + ae$$

となる. 同様に G は,
$$G = af + bf + cdg$$
$$= (a + b)f + cdg$$

H は,
$$H = cdef + cdg$$
$$= cd(ef + g)$$

となる.

ここで, 共通項を
$$L = (a + b)$$
$$M = (ef + g)$$
$$N = cd$$

とおくと,
$$F = LMd + ae$$
$$G = Lf + Ng$$
$$H = MN$$
$$L = (a + b)$$
$$M = (ef + g)$$
$$N = cd$$

となる.

[C. 発展問題]

問 8.6 略解例

DAG カバリングから tree カバリングに変更することで, 複数の出力に関係する共通ノードが出力毎に複製される. 個々の tree は最適なマッピングがされたとしても, 回路全体ではゲート規模が増加する可能性がある.

9章　組合せ回路の実際1
——代表的な組合せ回路——

[ねらい]

　これまで組合せ回路の設計法，特にカルノー図を用いた簡単化やクワイン・マクラスキ法による2段論理最小化，そして前章の多段論理回路や多出力回路の最適化などいろいろな最適化手法を学んできました．これらを応用すれば，実用的な組合せ回路をほぼ設計できます．でも，一から十まで自分で最適な設計をするのは大変です．そこで，本章では少し楽をするための知識を学びます．

　ここでは代表的な組合せ回路を先人の知恵として示します．一種のデザインパターンと思っていただいても構いません．これらの回路をそのまま使うことも，応用したり拡張することもできますし，考え方を別の回路に適用することもできます．そうすることで幅広く論理回路設計ができるようになると思いますので，回路例がちょっと多いですが最後までお付き合いください．

[事前学習]

　本章では具体的な組合せ回路を学びますので，それぞれの回路の機能と回路構成を知識として知っておいてください．その上で9.6節「実用的な回路の設計法」を読んで実感できれば深く理解できているということになります．

[この章の項目]

マルチプレクサ／デマルチプレクサ，エンコーダ／デコーダ，パリティ・ジェネレータ／パリティ・チェッカ，比較回路，多数決回路

9.1 マルチプレクサ／デマルチプレクサ

マルチプレクサは，$2^n(=m)$ 本のデータ線から n 本の選択（制御）入力によって，対応する 1 本のデータ線を出力する回路（$m \times 1$ マルチプレクサ，m to 1 マルチプレクサ）である．図 9.1 にマルチプレクサの概要を示す．左図の台形のような記号は，一般的によく使われるマルチプレクサの回路図記号である．右図はマルチプレクサの機能イメージである．選択信号によって入力信号の一つが選ばれ，出力信号と接続する機能を示している．

▶[マルチプレクサ]
Multiplexor，省略して MUX と書く．別名，セレクタ (selector) とも．マルチプレクサは，厳密にいえば 2 のべき乗の入力数である必要はない．任意の入力数のマルチプレクサを作ることは簡単だが，2 のべき乗入力以外は回路が少し煩雑になる．

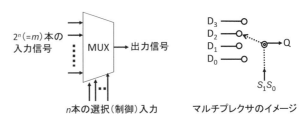

図 **9.1** マルチプレクサの概要

例として，4 入力 1 出力のマルチプレクサ (4 to 1 MUX) の回路について考える．この組合せ回路は，入力信号としてデータ信号 4 本，選択信号 2 本の計 6 入力あり，出力信号 1 本なので，6 入力 1 出力の組合せ回路となる．一般的には，$(2^n + n)$ 入力 1 出力の組合せ回路である．n は選択信号の本数である．この例では，$n = 2$，入力数は $2^2 + 2 = 6$ 本となる．図 9.2 に 4 to 1 MUX の仕様表と論理式，回路図を示す．

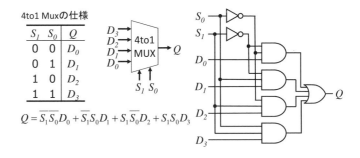

図 **9.2** 4 to 1 マルチプレクサ

ここで仕様表は真理値表と異なる点に注意が必要である．真理値表は入力の値に対して出力の値を列挙した表であるが，入力信号が多いと長大になる．この回路は 6 入力であるから，真理値表では 64 行必要である．それに対して，この仕様表は選択信号 $\{S_1, S_0\}$ の値で出力 Q がどの入力信号と繋がっているかを示している．つまり，$\{S_1, S_0\} = \{0, 0\}$ なら $Q = D_0$ という具合である．この表現のメリットは，入力 D_i の値に関わらず出力 Q が規定できていることである．さらにこの選択信号の条件において，出力 Q は $D_j (j = 1, 2, 3)$ は無関係であることを示している．つまり，ドントケアも包含した表となっている．図 9.3 に真理値表，ドントケア表現を用い

た真理値表，そして仕様表を示す．このように実用的な回路では，その回路の機能を簡潔な仕様表のような方法で表現することが多い．

4to1 Muxの真理値表

S_1	S_0	D_0	D_1	D_2	D_3	Q
0	0	0	0	0	0	0
0	0	0	0	0	1	0
0	0	0	0	1	0	0
0	0	0	0	1	1	0
0	0	0	1	0	0	0
			⋮			⋮
1	1	1	1	1	1	1

4to1 Muxの真理値表（DC）

S_1	S_0	D_0	D_1	D_2	D_3	Q
0	0	0	-	-	-	0
0	0	1	-	-	-	1
0	1	-	0	-	-	0
0	1	-	1	-	-	1
1	0	-	-	0	-	0
1	0	-	-	1	-	1
1	1	-	-	-	0	0
1	1	-	-	-	1	1

4to1 Muxの仕様

S_1	S_0	Q
0	0	D_0
0	1	D_1
1	0	D_2
1	1	D_3

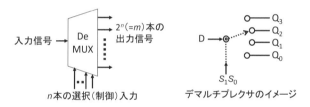

図 **9.3**　真理値表から仕様まで

さて，マルチプレクサはデータ線から選択入力によって 1 本のデータ線を出力する回路であったが，その逆の動作をする回路をデマルチプレクサという．デマルチプレクサは，n 本の選択（制御）入力によって，$2^n(=m)$ 本の出力データ線から 1 本を選択し，それだけに入力データ線を分配（接続）する回路（1 to m デマルチプレクサ）である．$(n+1)$ 入力 $(2^n = m)$ 出力の組合せ回路で，典型的な多出力回路になる．

▶[デマルチプレクサ]
DeMultiplexor，省略して DeMUX と書く．

図 **9.4**　デマルチプレクサの概要

図 9.4 にデマルチプレクサの概要を示す．左図は回路図記号でマルチプレクサと同様に台形を用いるが，台形と信号線を示す矢印の向きが異なる．右図はデマルチプレクサの機能イメージである．選択信号によって選ばれた出力信号に入力信号を接続している．

デマルチプレクサの例として 1 入力 4 出力のデマルチプレクサ (1 to 4 DeMUX) を図 9.5 に示す．マルチプレクサと同様にデマルチプレクサの機能を仕様として示している．論理式，回路図は図に示すとおりである．

1to4 DeMuxの仕様

S_1	S_0	Q_3	Q_2	Q_1	Q_0
0	0	0	0	0	D
0	1	0	0	D	0
1	0	0	D	0	0
1	1	D	0	0	0

$Q_0 = \overline{S_1}\,\overline{S_0}D$　　$Q_2 = S_1\overline{S_0}D$

$Q_1 = \overline{S_1}S_0D$　　$Q_3 = S_1S_0D$

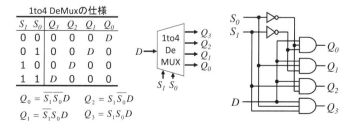

図 **9.5**　1 to 4 デマルチプレクサ

▶[ビットマスク]
 Bit mask．ビットマスクはビット単位の操作を行う処理の一種で1にマスクする場合と0にマスクする場合がある．1にマスクするとは，特定のビットだけをオン (1) にすることで，これはビット単位のOR演算で行う．set 演算ともいう．0にマスクするとは，特定のビットだけをオフ (0) にすることで，これはビット単位のAND演算で行う．reset 演算ともいう．この例は0にマスクする回路例になる．

▶[エンコーダ／デコーダ]
 Encoder/Decoder．符号化器／復号化器のこと．一般にこれらは線形写像であるので逆変換も可能である．また，全単射である．

マルチプレクサもデマルチプレクサも基本的な構造は似ている．選択信号 $\{S_1, S_0\}$ の値の組を AND ゲートの入力とし，それにマルチプレクサの場合は各入力信号を AND する．デマルチプレクサの場合はすべての AND ゲートに入力信号を入力する．つまり，AND ゲートは一方の入力が 1 なら他方の入力の値がそのまま出力に出て，0 なら 0 しか出力しないという特徴を利用しているのである．これをビットマスク という．この考え方は非常によく使われるので覚えておくと役に立つ．

9.2 エンコーダ／デコーダ

エンコーダは符号化する回路，デコーダは復号化する回路の総称である．符号化はあるデータを決められた規則に従って変換することであり，復号化はその逆で元のデータに戻す逆変換である．しかし，エンコーダ／デコーダは前のマルチプレクサとデマルチプレクサのように回路構造が決まっているわけではないため，一概に回路を示すことができない．ここでは 10 進入力から 2 進数への変換を例にして考えてみよう．

まずは簡単なデコーダを図 9.6 に示す．この例は 2 桁の 2 進数を入力とし，これを 4 ビットの 10 進コードに変換する．10 進コードはデコーダの仕様に示すように，各ビットが 10 進数の値に相当する．この回路では仕様は真理値表そのものとなる．また，回路図記号は特別なものはない．一般的にエンコーダやデコーダのようにまとまった機能ブロックを回路図上に描く場合は単に長方形を用いる．論理式と回路図は図に示すとおりである．

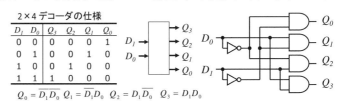

図 9.6　デコーダの例

これに対し，エンコーダはこれほど単純ではない．図 9.7 に示すようにエンコーダの仕様は真理値表の一部しか規定していない．たとえば，$\{D_3, D_2, D_1, D_0\} = \{0,0,1,0\}$ のとき $\{Q_1, Q_0\} = \{0,1\}$ であるが，$\{D_3, D_2, D_1, D_0\} = \{0,0,1,1\}$ のときの Q_i の規定はない．真理値表であったらドントケアとして簡単化に寄与できるが，エンコーダの場合，どんな値を出力してもよいわけではない．そこで入力に優先順位（プライオリティ，priority）をつけて，それによって入力を一意に特定できるようにする．これをプライオリティ・エンコーダという．

プライオリティ・エンコーダ

図 9.8 に 4 入力 2 出力のプライオリティ・エンコーダを示す．入力信号

4×2 エンコーダの仕様

D_3	D_2	D_1	D_0	Q_1	Q_0
0	0	0	1	0	0
0	0	1	0	0	1
0	1	0	0	1	0
1	0	0	0	1	1

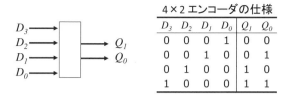

図 9.7　エンコーダの概要

の優先順位は D_3 が高く D_0 が低い．したがって，D_3 が 1 のとき，それ以外の入力が何であっても出力は $\{Q_1, Q_0\}=\{1,1\}$ となる．以下同様に決定される．この結果，4×2 プライオリティエンコーダの真理値表は，入力側にドントケアを用いて図に示したようになる．これから論理式と回路図は示したとおりである．

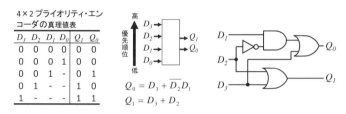

4×2 プライオリティ・エンコーダの真理値表

D_3	D_2	D_1	D_0	Q_1	Q_0
0	0	0	0	0	0
0	0	0	1	0	0
0	0	1	-	0	1
0	1	-	-	1	0
1	-	-	-	1	1

$$Q_0 = D_3 + \overline{D_2}D_1$$
$$Q_1 = D_3 + D_2$$

図 9.8　4×2 プライオリティ・エンコーダ

9.3　パリティジェネレータ／パリティチェッカ

パリティとは，ある長さのデータにおいて奇偶性を保つために付加する 1 ビットの値である．コンピュータ通信において最も単純な誤り検出符号として利用されている．このパリティビットを生成する回路をパリティジェネレータという．また，パリティビットが正しいかどうかを検査する回路をパリティチェッカという．

▶[パリティビット]
Parity bit. 奇数 (odd) パリティか偶数 (even) パリティかによって異なる．奇数パリティの場合はパリティビットを含めて 1 の数が奇数になるようにパリティビットを決める．偶数パリティは逆に 1 の数が偶数になるようにパリティビットを決める．

2bitパリティ生成回路の真理値表

D_1	D_0	Q_o	Q_e
0	0	1	0
0	1	0	1
1	0	0	1
1	1	1	0

$$Q_o = \overline{D_0 \oplus D_1}$$
$$Q_e = D_0 \oplus D_1$$

3bitパリティ生成回路の真理値表

D_2	D_1	D_0	Q_o	Q_e
0	0	0	1	0
0	0	1	0	1
0	1	0	0	1
0	1	1	1	0
1	0	0	0	1
1	0	1	1	0
1	1	0	1	0
1	1	1	0	1

$$Q_o = \overline{D_0 \oplus D_1 \oplus D_2}$$
$$Q_e = D_0 \oplus D_1 \oplus D_2$$

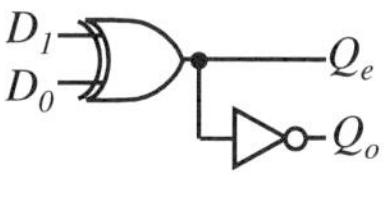

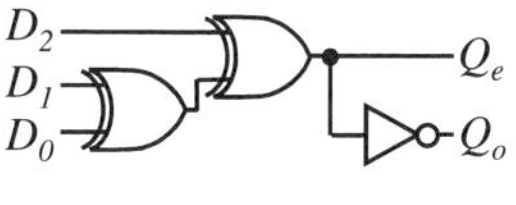

図 9.9　パリティジェネレータの回路例

図 9.9 にパリティジェネレータの回路例を示す．左が 2 ビットのパリティジェネレータであり，右が 3 ビットのパリティジェネレータである．また，出力は，Q_o が奇数 (odd) パリティ出力であり，Q_e が偶数 (even) パリティ出力である．一般的にはどちらかの出力があればよいが，ここでは回路例として両出力を示している．回路図からわかるように偶数パリティジェネ

レータ（Q_e 出力）は XOR であり，奇数パリティジェネレータ（Q_o 出力）は XNOR である．2 ビットと 3 ビットを比較すると XOR の入力数が増加しか違いはない．すなわち，n ビットのパリティジェネレータは，n 入力の XOR で構成される．

一方，パリティビットを用いた誤り検出をパリティチェックという．パリティチェックは，送信されたデータとパリティビットを用いて次の演算を行う．この場合も偶数パリティと奇数パリティで異なる．

▶ [パリティチェック]
　Parity check. たとえばデータ転送中にパリティビットを含めて奇数個のビットが変化したとき，そのデータ中の 1 の数が反転する．つまり，奇数パリティなら偶数になり，偶数パリティなら奇数になる．これにより転送中に 1 ビット誤りが発生したことを検出する方法である．

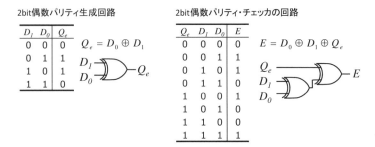

図 **9.10** 偶数 (even) パリティの生成と検査

図 9.10 に偶数パリティの生成と検査を示す．パリティ・ジェネレータで述べたように，偶数パリティは XOR で生成する．パリティチェック時にも同じくデータとパリティビットの XOR を取る．その結果，奇数個のエラー（データの反転）がある場合，出力 E が 1 になる．

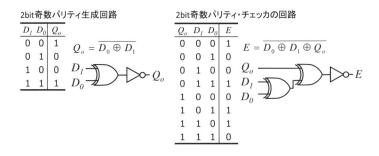

図 **9.11** 奇数 (odd) パリティの生成と検査

また，奇数パリティの生成と検査を図 9.11 に示す．奇数パリティの生成は XNOR であった．パリティチェックも XNOR である．偶数パリティと同様に奇数個のエラー（データの反転）がある場合，出力 E が 1 になる．

▶ [比較回路]
　Comparator. 比較器，マグニチュード・コンパレータともいう．比較器には，本書で扱うディジタルデータの比較器のほか，2 つのアナログ信号の電圧を比較する比較器もある．アナログの比較器はオペアンプを用いた基本回路として有名である．

9.4 比較回路

2 つの数の大小関係を求める論理回路を比較回路という．ここで 2 つの数は符号なしの 2 進数である．

例として，2 つの 2 ビットの 2 進数（A および B）をデータとして受け取り，等しいか（$A = B$），大きいか（$A > B$），小さいか（$A < B$）を出力する比較回路を考える．つまり，4 入力 3 出力の組合せ回路である．

$A = \{A_1, A_0\}$

$B = \{B_1, B_0\}$

2ビット比較器の真理値表

A		B		A=B	A>B	A<B
A_1	A_0	B_1	B_0	X	Y	Z
0	0	0	0	1	0	0
0	0	0	1	0	0	1
0	0	1	0	0	0	1
0	0	1	1	0	0	1
0	1	0	0	0	1	0
0	1	0	1	1	0	0
0	1	1	0	0	0	1
0	1	1	1	0	0	1
1	0	0	0	0	1	0
1	0	0	1	0	1	0
1	0	1	0	1	0	0
1	0	1	1	0	0	1
1	1	0	0	0	1	0
1	1	0	1	0	1	0
1	1	1	0	0	1	0
1	1	1	1	1	0	0

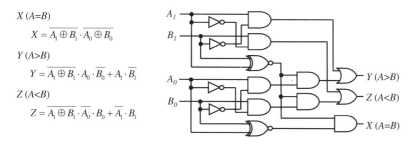

図 **9.12** 比較器の概要

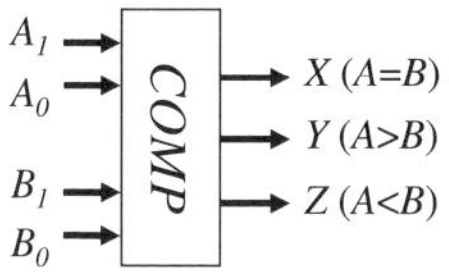

図 9.12 に比較器の回路図記号と真理値表を示す．ここでは，入力信号 A と B（ともに 2 ビットの 2 進数）とし，$A = B$ なら X が 1 を出力し，$A > B$ なら Y が 1 を出力する．そして，$A < B$ なら Z が 1 を出力する．

図 9.13 に比較器の論理式と回路図を示す．X は A と B が等しいときに 1 になるということは，$A_0 = B_0$ かつ $A_1 = B_1$ のときである．1 ビットの一致は XNOR ゲートを用いて実現できるので，$X = \overline{A_1 \oplus B_1} \cdot \overline{A_0 \oplus B_0}$ となる．同様に $A > B$ は，$A_1 = B_1$ かつ $A_0 = 1, B_0 = 0$ のケースと，$A_1 = 1, B_1 = 0$ しかない．$A < B$ は逆のケースである．結果として図に示した式になる．これを回路図に表すと $\overline{A_1 \oplus B_1}$ を共通項として図 9.13 のようになる．

X (A=B)

$$X = \overline{A_1 \oplus B_1} \cdot \overline{A_0 \oplus B_0}$$

Y (A>B)

$$Y = \overline{A_1 \oplus B_1} \cdot A_0 \cdot \overline{B_0} + A_1 \cdot \overline{B_1}$$

Z (A<B)

$$Z = \overline{A_1 \oplus B_1} \cdot \overline{A_0} \cdot B_0 + \overline{A_1} \cdot B_1$$

図 **9.13** 比較器の組合せ回路

9.5 多数決回路

▶[多数決回路]
英語では Majority voter という．

最後は多数決回路である．多数決回路は複数の入力を投票とみなし，その結果を出力とする回路である．つまり，入力信号の値が賛成（1 の入力）が過半数を超えたら可決（1 を出力）し，超えなければ否決（0 を出力）する．

図9.14に3人の多数決回路を示す．3人のうちの2人が賛成，すなわち1である組合せは，$(A,B),(A,C),(B,C)$の3通りであるので，これらをANDし，全体をORすればよい．

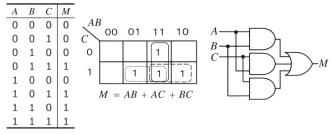

図 **9.14** 3人の投票による多数決回路

9.6 実用的な回路の設計法

前節の多数決回路のケースでは3人であることから3通りの組合せを考えればよく，図9.14のような回路図を得ることはさほど難しくない．しかし，もっと大人数の多数決回路を設計する場合はどうなるであろうか．たとえば，7人の多数決回路は，7人のうちの4人の賛成，すなわち$_7C_4 = 35$通りの入力信号の組合せがあり，4入力ANDの出力35個をORすることになる．さらに多い場合は，前段のANDゲートの入力数も増えるが，後段のORゲートは爆発的に入力数を拡大する．つまり，前節の方法では効率的な回路が作成できないのである．9.4節の比較器も同様である．4ビットや8ビットぐらいまでなら設計できるが，たとえば64ビットの比較器はこの方法では実現が難しい．

ではより大規模な実用的な回路を設計するにはどのようにするのだろうか．その答えは，ここでは明確に示すことはできない．その理由は，一つはハードウェア・アルゴリズムの問題であり，もう一つは設計手法の問題である．これまで論理回路を学んできた先にその答えがあるのである．

ここでは解の一例として図9.15に示すような回路構成を挙げる．

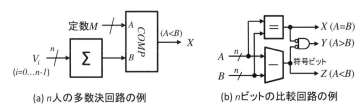

図 **9.15** 大規模な多数決回路と比較回路

(a)のn人の多数決回路では，Σモジュールでnビットの入力信号をすべて足し算する．こうすることでn人のうち何人が賛成，すなわち1がいくつ入力されたかが分かる．その後，比較器で定数Mと比較する．この

定数 M は（過半数-1）の値である．比較器の出力は Σ モジュールの出力が大きければ 1 になり可決である．

(b) は n ビットの比較器の例である．同じ場合は一致判定回路（図 9.13 で示した入力の XNOR の出力を AND する回路）を用いて X $(A = B)$ を作成する．大小比較をするために 2 つの数値の引き算 $(A - B)$ を行う．その結果の符号ビットが正 (0) の場合は「大なり」，負 (1) の場合は「小なり」なので，符号ビットの反転が Y $(A > B)$，その出力が Z $(A < B)$ となる．ただし，Y は X が 1 の場合は 0 であるので，AND ゲートでマスクする．

このように実用的な多数決回路や比較回路は，前節までに示した方法とは異なる考え方で実現している．もちろん，この方式も万能ではなく，設計条件によっては他の方式のほうがよい場合も考えられる．つまり，実用的な回路の設計では，与えられた条件を満たす回路方式を探し，その方式に基づいて設計し，そしてそれが妥当かどうかを評価するというサイクルを経て始めて実現されるのである．

[9 章のまとめ]

この章では，以下のことを学びました．

- 実用的な回路の構成．特にマルチプレクサ／デマルチプレクサ，エンコーダ／デコーダ，プライオリティエンコーダ，パリティジェネレータ／パリティチェッカ，比較回路，多数決回路について．
- 真理値表では量が多くて書きにくい回路も，仕様としてコンパクトに表現する方法．
- さらに大規模な実用的な回路の設計は，小規模な回路とは異なる方式になることが多いこと．

ここでは上述の回路例を示しましたが，導出過程を省略しています．気になる方は自身で論理式，回路の導出にチャレンジしてみてください．いろいろ新しい発見があると思います．

さて，次章が組合せ回路の最後の章になります．ここでは算術演算回路について学びます．本章の最後に例として示した大規模な多数決回路や比較回路の中にも Σ モジュール（加算回路の一種）や減算回路が出てきました．このような算術回路はコンピュータの本質といえるぐらい重要な回路です．次章ではその基礎的な部分を学びます．

118   9章　組合せ回路の実際1

9章　演習問題

[A. 基本問題]

問 9.1 2つの1ビット数 A および B を比較する回路を設計せよ．出力 X は $A = B$ のとき1となりそれ以外は0とする．同様に出力 Y は $A > B$ のとき1，出力 Z は $A < B$ のとき1を出力し，それ以外は0を出力するものとする．

問 9.2 2入力1出力のマルチプレクサを設計せよ．また，それを複数個用いて4入力1出力のマルチプレクサを構成せよ．

[B. 応用問題]

問 9.3 4ビットの2進数をグレイコードに変換するエンコーダを設計せよ．2進数とグレイコードの対応は下表の通り．

表 9.1　2進数–グレイコード対応表

2進数	グレイコード	2進数	グレイコード
0000	0000	1000	1100
0001	0001	1001	1101
0010	0011	1010	1111
0011	0010	1011	1110
0100	0110	1100	1010
0101	0111	1101	1011
0110	0101	1110	1001
0111	0100	1111	1000

問 9.4 7セグメント・デコーダを設計せよ．7セグメント・デコーダとは，下図に示した7セグメントLEDを点灯させるための回路であり，4ビットの2進数を入力として下表 a から g を出力する．ただし，7セグメントLEDは負論理（負論理については，P.57を参照のこと）とする．

7セグメント・デコーダの仕様

X	a	b	c	d	e	f	g	表示
0000	0	0	0	0	0	0	1	0
0001	1	0	0	1	1	1	1	1
0010	0	0	1	0	0	1	0	2
0011	0	0	0	0	1	1	0	3
0100	1	0	0	1	1	0	0	4
0101	0	1	0	0	1	0	0	5
0110	0	1	0	0	0	0	0	6
0111	0	0	0	1	1	1	1	7
1000	0	0	0	0	0	0	0	8
1001	0	0	0	0	1	0	0	9

入力の1010～1111はドントケア

7セグメントLED

図 9.16　7セグメントLEDと7セグメント・デコーダの仕様

[C. 発展問題]

問 9.5 図9.13の比較器と，X, Y, Z を各々2段論理最小化した回路を比較せよ．

9章 演習問題解答

[A. 基本問題]

問 9.1 略解

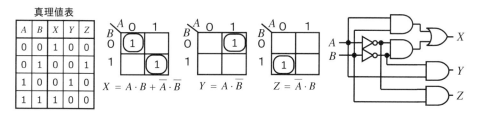

問 9.2 略解

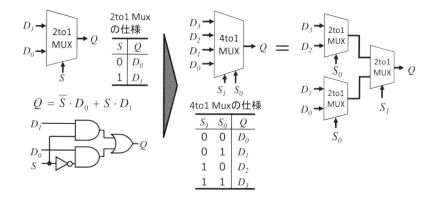

[B. 応用問題]

問 9.3 略解

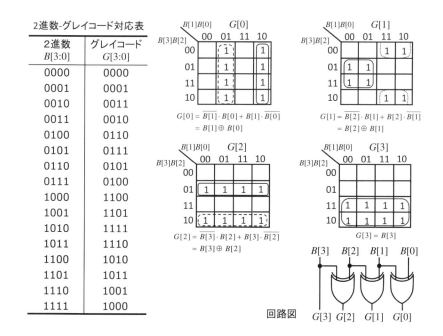

問 9.4 略解

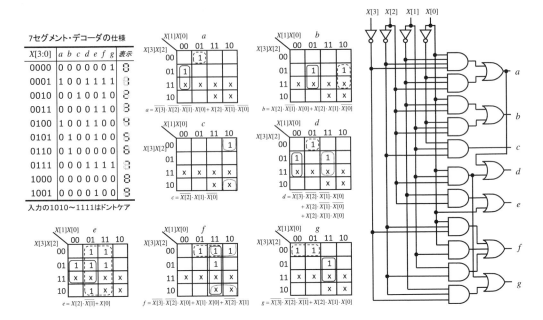

[C. 発展問題]

問 9.5 略解

X, Y, Z を各々 2 段論理最小化すると下図のようになる．

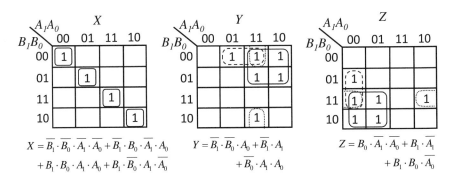

図 9.13 の比較器の 15 ゲートに対し，この回路は 17 ゲートである．リテラル総数は 16 個に対し 32 個になる．

10章　組合せ回路の実際2
——算術演算回路——

[ねらい]

　　組合せ回路の最後は算術演算回路です．主として加算器とその仲間たちについて説明します．加算器は算術演算器の基本中の基本で，コンピュータで使われる回路の中で特に重要な回路です．

　　ここでは加算器の基本回路である半加算器，全加算器から減算器，加減算器などの四則演算の基本を学びます．減算は符号を考慮した加算ですし，乗算は加算の繰り返しです．除算は減算の繰り返しなので，これも加算器で作れます．このように基本回路として重要なのですが，回路構成は先人が研究し尽くしているので，まずはそれを学びます．

[事前学習]

　　10.1節「基本の加算器」はよく読んで，半加算器と全加算器を完全に理解しておいてください．それ以外は一通り目を通しておけば問題ありません．

[この章の項目]

半加算器，全加算器，減算器，加減算器，実用的な加算器

10.1 基本の加算器

ここでは基本的な加算器として半加算器と全加算器を学ぶ．半加算器は下位桁からの桁上がり入力を考慮しない2進数1桁の加算器であり，全加算器は下位桁からの桁上がり入力を考慮した2進数1桁の加算器である．

半加算器

▶[半加算器と全加算器]
半加算器は，別名ハーフアダー (Half Adder; HA)，全加算器はフルアダー (Full Adder; FA) という．また，加算結果出力を Sum (S)，桁上げ出力を Carry Out (CO) という．全加算器の下位桁からの桁上がり入力は Carry In (I) である．

半加算器は，2つの一桁の2進数 X と Y を加算し，その和 S と上位桁への桁上がり CO を出力する2入力2出力の組合せ回路である．図 10.1 に半加算器の回路図記号，真理値表，論理式，および回路図を示す．

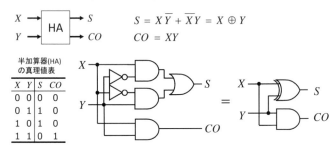

図 **10.1** 半加算器 (HA) の回路構成

X と Y の加算は，両方が 0 なら S は 0，どちらかが 1 で他方が 0 なら S は 1，両方が 1 なら桁上がりが生じ S は 0 である．したがって，結果として S は X と Y の排他的論理和 (XOR) になる．桁上がり CO は，X と Y の両方が 1 のときのみ 1 なので，X と Y の論理積 (AND) となる．

全加算器

全加算器は，同じく2つの1桁の2進数 X と Y と下位桁からの桁上がり I の計3つを加算し，その和 S と上位桁への桁上がり CO を出力する3入力2出力の組合せ回路である．図 10.2 に全加算器の回路図記号，真理値表，論理式，および回路図を示す．

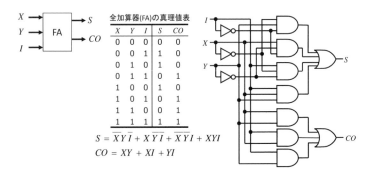

図 **10.2** 全加算器 (FA) の回路構成

全加算器の加算結果 S は，X，Y および I の3つの2進数1桁の加算で

あるから，3つの入力中に 1 が奇数個のとき 1 となる．すなわち，偶数パリティ回路（P.114, 図 9.10 を参照のこと）と同じになる．一方，桁上がり出力 CO は，3つの入力中に 1 が 2 つ以上あるときに 1 となる．すなわち，これは 3 入力の多数決回路と同じである（P.115 を参照のこと）．以上から，AND-OR 形式で回路図を描くと図 10.2 のようになる．

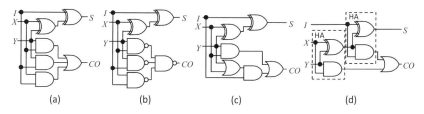

図 **10.3** 様々な全加算器 (FA) の回路構成

また，全加算器は XOR などを用いて構成することもできる．図 10.3 は様々な全加算器の構成例を示している．(a) は S を XOR で構成した回路で，(b) は XOR と NAND で作った全加算器である．(c) は CO を多段化している．そして (d) は半加算器 2 つと OR で作った全加算器である．

10.2 加算器の応用

さて，基本加算器を理解したところで，次はその応用として減算器，加減算器，多桁の加算器の構成をみていく．そして最後に乗算器について学ぶ．

減算器

減算器は負数の加算であるから，負数を定義しなければならない．ここでは，これまで扱ってきたように 2 の補数を負の数として回路を構成する．

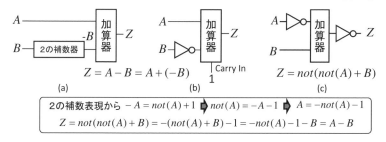

図 **10.4** 減算器の回路構成

図 10.4 に減算器の構成を示す．算術式の $Z=A-B$ は $Z=A+(-B)$ であるから，入力 B の 2 の補数を取ればよい．(a) はそのまま B を 2 の補数器を通して $-B$ を作成し，その後，A と加算する回路である．2 の補数器は，入力信号を反転 (NOT) し 1 を加算する回路である．(b) は 2 の補数器の代わりに加算器の桁上がり入力を利用する．B 入力を反転する NOT ゲートと桁上がり入力に 1 を入力することで 2 の補数と同じ機能を実現している．(c) は単純な回路構成であるが，トリッキーな計算方式である．これは加算

▶ [図 10.4(c) のトリッキーな計算方式]

算術式 $Z = \mathrm{not}(\mathrm{not}(A)+B)$（not() は論理否定）は，入力 A を反転 (NOT) し，B と加算する．そして，その結果を再び反転 (NOT) する．2 の補数から $A = -\mathrm{not}(A)-1$ と $\mathrm{not}(A) = -A-1$ であるので，図中の囲みの通り，これは結局 $Z = A-B$ になる．

器に NOT ゲートを追加するだけで減算ができる点が優れている．

加減算器

加減算器は加算と減算の両方を機能を選択して実行する回路である．ここで A と B を演算入力とし，C を切り替え信号とする．$C=0$ のとき $A+B$ を計算し，$C=1$ のとき $A-B$ を計算する回路を考える．最も単純な方式は，加算器と減算器を用意し，常に $A+B$ と $A-B$ を計算しておき，出力 Z の直前でマルチプレクサを用いて選択する方法である．この方法は分かり易いが加算器と減算器でほぼ同じ回路が 2 つ必要である．

これに対して，加算器と減算器を共有化した加減算器を図 10.5 に示す．この回路構成では，機能選択入力 C と演算入力の B の排他的論理和をとり，それを入力 A と加算する．一方，加算器には桁上がり入力に制御入力 C を入力する．

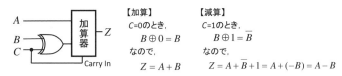

図 10.5 加減算器の回路構成

この方式は，$C=0$ のとき，$B \oplus 0 = B$ であるから，$Z = A+B+0$ になる．つまり，加算である．一方，$C=1$ のとき，$B \oplus 1 = \overline{B}$ であるから，B の反転になる．すなわち，$Z = A + \mathrm{not}(B) + 1 = A - B$ であり，減算になる．

多桁加算器

▶ [リップルキャリーアダー]

Ripple Carry Adder; RCA. 順次桁上げ加算器ともいう．Ripple とは水面などに立つさざ波のこと．Carry は桁上げのことである．つまり，下位桁から桁上げが上位桁に伝播する様子を表している．この加算器は原理的に何桁の加算器でも回路を構成することができるが，最悪の計算時間は桁上げが最下位桁から最上位桁まで伝播する時間であり，桁数が多くなると通過するゲート数が多いので時間がかかる．一般的に小型だが低速な加算器といえる．

さて，これまでは 2 進数 1 桁の加算器，減算器，加減算器を学んできた．しかし，実際の回路では 16 ビットや 32 ビットなど，多桁の演算器が必要となる．ここではその構成方法について考える．

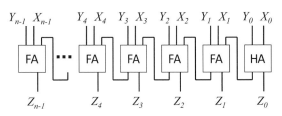

図 10.6 リップルキャリーアダーの構成

▶ [図 10.6]

最下位桁は，桁上がり入力が必要ないことから HA を用いているが，すべて FA でも構わない．

最も単純な多桁加算器はリップルキャリーアダーである．図 10.6 にリップルキャリーアダーの構成を示す．n ビットの 2 進数 X と Y を加算するとき，各桁ごとに FA を用いて加算し，その桁上がりを上位桁の桁上がり入力に接続している．これを必要桁分だけ接続する．この演算方式は筆算による計算方式そのものである．

では，具体的にリップルキャリーアダーがどのように計算するかをみていこう．図10.7に4ビットのリップルキャリーアダーを示す．この例では4桁の2進数 $(0010)_2 = 2$ と $(0011)_2 = 3$ を加算し，その結果として $(00101)_2 = 5$ を得ている．最上位桁は桁上がりであることに注意が必要である．

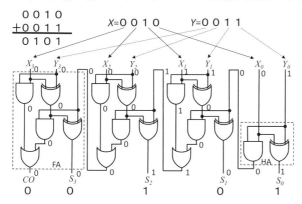

図 **10.7** リップルキャリーアダーの具体例

この回路は2の補数表現の負数でも計算できるが，必ずしもいつも正確な値を求められるわけではない．たとえば，4桁の2進数 $(0111)_2 = 7$ と $(0001)_2 = 1$ を加算した場合，加算結果は，$(01000)_2 = -8$ となる．2の補数表現の4桁の数では，負の数になり正しくない．そもそも2の補数表現の4桁の最大値は $(0111)_2 = 7$ であり，これに1を加算することはオーバーフローが生じるため計算できないのである．このように実際の回路では計算できる範囲も考慮しなければならない．

▶[オーバーフロー]
Overflow，正確には算術オーバーフロー (Arithmetic overflow) のこと．演算結果が表現できる数の範囲を超えてしまう現象．一般的な演算器にはオーバーフローを検出する回路を搭載し，オーバーフローを示すフラグを生成する．

高速な多桁加算器

論理回路では，どのような回路でもいかに小さく，早く動作する回路を作るかがテーマである．加算器も同様である．リップルキャリーアダーはワーストケースでは，桁上げが最下位桁から最上位桁まで信号が伝播するため，桁数が多くなるにしたがって，回路遅延が大きくなる．速度を重要視しない場合はよいかもしれないが，一般的にはより早い加算器が必要である．これまでの研究で様々な高速加算器が提案されてきた．ここではその一部を紹介する．なお，具体的な回路構成はここでは省略する．本章の最後に参考文献を挙げるので，そちらを参照してほしい．

ここでは高速加算回路の代表例としてキャリールックアヘッドアダー (Carry Look-ahead Adder; CLA) を説明する．別名，桁上げ先見加算器ともいわれる．CLAは桁上げが伝播しないように入力値からすべての桁の桁上げ入力を先に計算する．図10.8にキャリールックアヘッドアダーの構成を示す．原理的に各桁の桁上がり入力 I_i は，その桁より下位の入力値 X_j および $Y_j (j < i)$ が分かれば計算できる．具体的には下式の通りである．

$$I_1 = X_0 \cdot Y_0$$

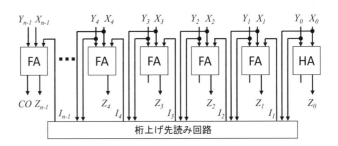

図 10.8 キャリールックアヘッドアダーの構成

$$I_2 = X_1 \cdot Y_1 + X_0 \cdot Y_0 \cdot X_1 + X_0 \cdot Y_0 \cdot Y_1$$
$$I_3 = X_2 \cdot Y_2 + X_1 \cdot Y_1 \cdot X_2 + X_1 \cdot Y_1 \cdot Y_2$$
$$+ X_0 \cdot Y_0 \cdot X_1 \cdot X_2 + X_0 \cdot Y_0 \cdot X_1 \cdot Y_2$$
$$+ X_0 \cdot Y_0 \cdot Y_1 \cdot X_2 + X_0 \cdot Y_0 \cdot Y_1 \cdot Y_2$$

（以下略）

このように I_i は，上位桁になるにしたがってリテラル総数は増えるが，積和形であるため遅延時間は最大 2 段のゲート遅延となる．桁数が増えると回路規模は増大するが，リップルキャリーアダーのように遅延時間が増加することはなく，ほぼ一定の遅延で加算を行うことができる．このため，キャリールックアヘッドアダーは，高速加算器として利用されている．

高速加算器は，他に並列プレフィックス加算，冗長 2 進加算など数多く提案されているが，ここでは詳細は省略する．文献 8) を参照されたい．

乗算器

最後は乗算器である．これも基本的に FA を用いて作成することができる．図 10.9 に配列型乗算器の構成を示す．配列乗算器は全加算器 (FA) を 2 次元配列状に並べた構成をとる．これは並列に部分積を求め，これらを順次加算することで乗算を実現する．これも筆算でかけ算を計算する方法と同じである．FA の段数は乗数の桁数であり，1 段の FA 数は被乗数の桁数 -1 になる．

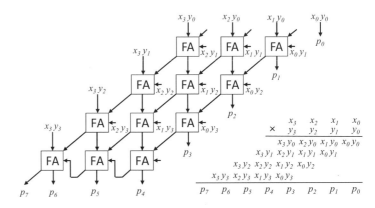

図 10.9 配列型乗算器の構成

加算と同様に乗算も多くのアルゴリズムが提案されている．より高速に動作する Booth のアルゴリズムや Wallace 木を用いた乗算などである．これらの多くはコンピュータの構成に欠かせない演算回路であるから，計算機工学やコンピュータアーキテクチャなどの専門書で詳細は学ぶことができる．本書では紙面の都合で基本回路のみにとどめることを了承願いたい．

また，本章では加算，減算，乗算と四則演算の 3 つを扱ってきたが，除算については触れなかった．これは除算が，基本的に組合せ回路で実現できないからである．一般的に次章から学ぶ順序回路で複数サイクルかけて計算する．

最後に参考文献をあげる．加算器の節でも挙げたが文献 8) は四則演算のみならず開平や初等関数計算に至るまで幅広くハードウェア・アルゴリズムを扱っている良書である．より深く網羅的に演算回路を学びたい人には一読を勧めたい．

▶[除算]
除算のアルゴリズムには，筆算と同じやり方の「引き戻し法」が有名である．また，2 のべき乗の除算などは組合せ回路でも実現できる．

[10 章のまとめ]

この章では，以下のことを学びました．

- 基本の演算器として半加算器と全加算器の構成．
- 加算器の応用として，減算器，加減算器，そして多桁加算器としてリップルキャリーアダー (RCA) の構成．
- さらに高速な多桁加算器としてキャリールックアヘッドアダー (CLA) の構成．
- そして，最後に配列乗算器の構成．

本章で 6 章から続いてきた組合せ回路は終了です．この 6 章から 10 章は，本書の 1/3 を占める重要な項目です．いろいろな概念や設計手法，回路例を学びました．特に最適設計は難しい内容も含んでいます．理解できましたでしょうか．

次章からはいよいよ順序回路に入ります．順序回路は，これまで学んだ組合せ回路に記憶素子を追加し，時間の概念が含まれる回路になります．より現実の設計に近づくと同時に複雑さも増します．この 6 章から 10 章を復習して臨んでください．

128   10章　組合せ回路の実際 2

10章　演習問題

[A. 基本問題]

問 10.1 図 10.4(b) を参考に FA を用いて 3 ビットの減算器を設計せよ.

問 10.2 図 10.5 および図 10.8 を参考にキャリールックアヘッドアダーを用いて 3 ビットの加減算器を設計せよ.

[B. 応用問題]

問 10.3 図 10.3(d) を導出しなさい.

問 10.4 2 ビットの乗算器の真理値表を示し, 2 段論理最適化した回路を設計せよ. また, 配列乗算器と比較せよ.

[C. 発展問題]

問 10.5 図 10.2 や図 10.3(a)–(d) は, 機能的には同一だが回路的には何が異なるか考えよ.

問 10.6 2 の補数表現の数同士の加減算でオーバーフローする条件を挙げ, オーバーフローを検出する方法を示しなさい.

10章　演習問題解答

[A. 基本問題]　問 10.1 略解

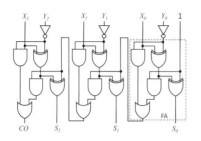

問 10.2 略解

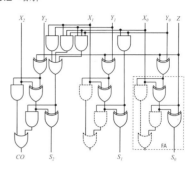

[B. 応用問題]

問 10.3 略解

FA で CO が 1 となる条件は，入力 X, Y, I 中の 1 の数が 2 個以上のときである．HA1 で C_0 が 1 となるのは $X=1, Y=1$ のときだけである．HA2 は X と Y のどちらかが 1 で I が 1 のとき C_1 が 1 となる．したがって，$CO = C_0 + C_1$ となる．

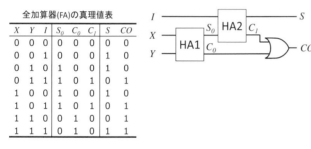

問 10.4 略解

2 ビットの乗算器の真理値表を示し，2 段論理最適化した回路は以下の通り．

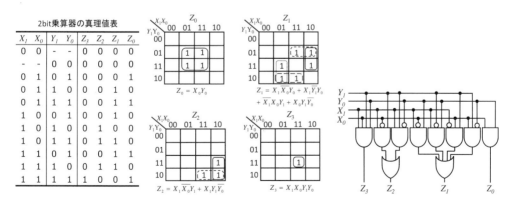

2 ビットの配列乗算器を下図に示す．これは 2 段論理最適化した回路より簡潔だが，回路の遅延時間は大きい．

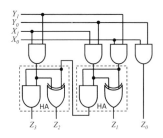

$$\begin{array}{ccccc} & & & X_1 & X_0 \\ & \times & & Y_1 & Y_0 \\ \hline & & & X_1 Y_0 & X_0 Y_0 \\ & X_1 Y_1 & X_0 Y_1 & & \\ \hline Z_3 & Z_2 & Z_1 & Z_0 \end{array}$$

[C. 発展問題]

問 10.5 略解

CMOS 論理ゲートで実装されると仮定すると，各ゲートのトランジスタ数は左表のようになる．一方，回路の遅延は通過するゲートの段数で概算することができる（厳密にいえば，プロセステクノロジ，配線等の容量や抵抗，その他様々な要因で決まる）．出力信号 S, CO の論理段数，ゲート数，総トランジスタ数を用いて各全加算器を比較すると右表のようになる．

CMOS ゲート	トランジスタ数
NOT	2
2-AND	6
3-AND	8
2-OR	6
3-OR	8
4-OR	10
2-NAND	4
3-NAND	6
2-XOR	12

全加算回路	S の論理段数	CO の論理段数	ゲート数	総トランジスタ数
図 10.2	2	2	9	74
図 10.3(a)	2	2	6	50
図 10.3(b)	2	2	6	42
図 10.3(c)	2	3	6	48
図 10.3(d)	2	3	5	42

この表から，面積的には図 10.3(b) と図 10.3(d) がトランジスタ数が少ないので有利であり，遅延的には論理段数の少ない図 10.2，図 10.3(a)，図 10.3(b) が有望である．

問 10.6 略解

2 の補数表現の 2 進数の加減算によって算術オーバーフローが発生するケースは，負の数同士を足して結果の符号ビットが正になるケースと，正の数同士を足して符号ビットが負になるケースの 2 種類である．
具体的には，4 ビットの 2 の補数表現の数の加算を考える．$(0111)_2 = 7$ と $(0001)_2 = 1$ の加算結果は $(1000)_2 = -8$ となり，結果が正しくない．最上位ビットは桁上がりである．同様に，$(1111)_2 = -1$ と $(1000)_2 = -8$ の加算は，$(0111)_2 = 7$ となり，結果が正しくない．
一方，$(0001)_2 = 1$ と $(1111)_2 = -1$ の加算，すなわち，$1-1=0$ の計算は，$(0000)_2$ となるが，これは正しい結果である．
以上から，オーバーフローを検出する条件は，同符号同士の演算で結果が異符号になる場合である．つまり，入力の符号を X_s, Y_s とし，演算結果の符合を Z_s とすると，オーバーフローフラグ f_{ov} は，

$$f_{ov} = \overline{(X_s \oplus Y_s)} \cdot (X_s \oplus Z_s)$$

となる．
または，入力を 4 ビットから 5 ビットに符号拡張をして演算する場合は，最上位ビット（5 ビット目）とその一つ前の値が異なる場合がオーバーフローである．他にも，4 桁の場合，3 桁目のキャリーと 4 桁目のキャリーの XOR もオーバーフローになる．

11 章　順序回路の基礎 1
——状態遷移と順序回路——

[ねらい]

　本章から順序回路に入ります．組合せ回路が現在の入力によって出力が決まるのに対し，順序回路は現在の入力のみならず過去の入力に依存して出力が決まる論理回路です．すなわち，論理回路内部に状態を記憶するメモリを持ち，時間変化を扱うことができるようにした回路といえます．

　では，時間はどうやって回路上で表現されるのでしょうか．それにはクロックという特別な信号を用います．このクロックに合わせて動作する順序回路を同期式順序回路といいます．そして，このクロックによって変化するのが回路の状態です．

　ここでは同期式順序回路を設計するために必要な状態の表現方法を学びます．

[事前学習]

　本章では順序回路の基本である 11.1 節「組合せ回路から順序回路へ」から 11.3 節「順序回路と状態遷移」までを読んでおいてください．特に新しい用語もたくさん出てきますので，自分で整理しておくことを勧めます．

[この章の項目]

同期式順序回路，状態遷移，ミーリマシン，ムーアマシン，状態遷移表，状態遷移図，タイミングチャート，完全指定順序回路，不完全指定順序回路

11.1 組合せ回路から順序回路へ

　組合せ回路にメモリ（記憶素子）という状態を保存する機能を付加すると順序回路になる．順序回路には，クロックと呼ばれる時間制御をする特別な信号の変化に基づいて状態が更新される同期式順序回路と，特別な時間制御を行わず事象生起の因果関係を駆動原理とした非同期順序回路に大別される．どちらの順序回路も組合せ回路とメモリから構成されることには変わらない．

　組合せ回路では入力が不変なら出力も不変である．しかし，順序回路では入力が変わらなくても，内部の状態が変化する可能性があるので出力は不変とは限らない．逆にメモリに保持している状態は入力の変化によらず変わり得るのである．状態が変化することを状態遷移という．

　順序回路中のメモリは状態を保持するための記憶素子であるから，自ら値を決めるわけではない．状態を決めるのは状態遷移関数であり，これは組合せ回路である．一方，出力は入力と状態から決められる．つまり，出力も出力関数という組合せ回路である．このように，順序回路はこれまでに学んできた組合せ回路の設計法を用いて回路を構築することができる．

　では，順序回路を設計する上で何が問題になるのであろうか．それは順序回路の動作を表現する方法や状態数を最小化する方法，状態を2進数でコード化（符号化）する方法などであり，組合せ回路とは異なるより高次の問題である．本章以降は，このような順序回路の課題を整理し，大規模な順序回路を設計できるようになるまでを学んでいく．

11.2 順序回路の数学モデルと動作の表現

　順序回路の動作は有限オートマトンを用いてモデル化できる．有限オートマトンを定義する5項（側注を参照のこと）のうち，最終状態を出力に置き換え，新たに出力関数を加えた6項で定義する計算機械を順序機械という．この順序機械を回路で実現したものが順序回路である．

　順序回路はもちろん回路図で表現するが，順序機械（有限オートマトン）は状態遷移図や状態遷移表を用いて動作を表現することができる．

状態遷移図

　状態遷移図は，各状態を頂点（ノード）とし，状態から状態への各遷移を辺（エッジ）とした有向グラフである．一般的に頂点は円で描かれ，各辺は二つの状態の間の遷移を表す．図 11.1 に状態遷移図の例を示す．

　この例では，状態は S_0 から S_4 までの5状態あり，入力 I の値により遷移する．たとえば状態 S_0 では入力 $I = 0$ の場合は自身への遷移であり，$I = 1$ なら状態 S_1 へ遷移する．

　順序機械は出力関数の違いによって二つに分類できる．一つはミーリマ

▶[状態遷移]
　状態遷移とは，ある状態から別の状態に切り替わることを指す．たとえば電灯のスイッチは ON 状態と OFF 状態の2状態であり，ON 状態では点灯し OFF 状態は消灯である．スイッチを操作（入力）することによって，状態は遷移し（ON → OFF または OFF → ON），電灯が点いたり消えたりする（出力）．

▶[有限オートマトン]
　有限オートマトン (Finite automaton) または有限状態機械 (Finite state machine, FSM) は，有限個の入力，有限個の状態の集合，状態遷移関数，初期状態，最終状態の5項によって定義する計算機械（数学モデル）である．

▶[状態遷移機械]
　ステートマシン, State machine．有限状態機械は単に状態遷移機械，ステートマシンと呼ぶことが多い．順序機械とは厳密には出力関数の有無によって異なるが，状態を遷移する点で同じなので，順序機械もステートマシンと称することが多い．したがって，ミーリマシンもムーアマシンもまとめてステートマシンと呼ぶ．

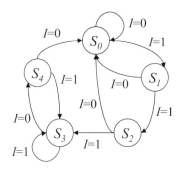

図 11.1 状態遷移図の例

シン (Mealy machine)，もう一つはムーアマシン (Moore machine) と呼ばれる．この例では出力については描かれていないが，実際の状態遷移図では出力も描かれる場合が多い．状態遷移図もミーリマシンかムーアマシンかで出力の描く位置が異なるので注意が必要である．

ミーリマシン

ミーリマシンは出力が現在状態と入力によって決定される有限オートマトンである．したがって，状態遷移図上は，ミーリマシンでは各辺（エッジ）に入力と出力を付記する．

ムーアマシン

ムーアマシンは，出力が入力によらず現在の状態によってのみ決定される有限オートマトンである．したがって，状態遷移図上は，ムーアマシンでは各頂点（状態）に出力を付記する．図 11.2 にミーリマシンとムーアマシンの状態遷移図の例を示す．

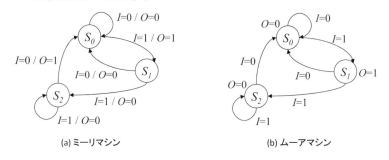

図 11.2 ミーリマシンとムーアマシンの例

この例から出力 O の位置が (a) ミーリマシンと (b) ムーアマシンとで異なることが分かる．(a) ミーリマシンでは，遷移元の状態と入力値によって出力が決定するので，辺上に入力とともに出力も書かれる．一方，(b) ムーアマシンは状態のみで出力が決められるので，頂点（状態）の丸の横に出力 O が書かれている．

状態遷移表

状態遷移表は，状態の遷移を現状態と次状態の対応を表にしたもので，同時に入力と出力も併記される．図 11.2 を状態遷移表に表したものを表 11.1 に示す．(a) はミーリマシン，(b) はムーアマシンの状態遷移表である．これらの違いは，出力に入力の条件があるかないかである．ミーリマシンは，次状態と同様に入力によって出力値が異なるが，ムーアマシンは現状態のみで決まる．

表 11.1　状態遷移表の例

(a) ミーリ・マシン

現状態	次状態		出力O	
	$I=0$	$I=1$	$I=0$	$I=1$
S_0	S_0	S_1	0	1
S_1	S_0	S_2	0	0
S_2	S_0	S_2	1	0

(b) ムーア・マシン

現状態	次状態		出力O
	$I=0$	$I=1$	
S_0	S_0	S_1	0
S_1	S_0	S_2	1
S_2	S_0	S_2	0

状態遷移表は決められた形式がないため，これら以外の書き方が数多く見受けられる．要は現状態と次状態の対応がとれること，遷移条件がわかること，出力条件がわかることを満たせば形式はこだわらない．

また，上記の表では状態を記号で表しているが，順序回路の設計では状態を 2 進コードに割り当てることが必要である．これを状態割り当て問題といい，決して簡単な問題とはいえない．

11.3　順序回路と状態遷移

順序機械は，その状態の変化を状態遷移図や状態遷移表で表現した．では，順序回路の動作はどのように表現したらよいのであろうか．ここではクロックという特別な信号に同期して動作する同期式順序回路について説明する．

同期式順序回路は，フリップフロップという 1 ビットの情報を保持することができる回路とこれまで学んできた組合せ回路からなる．このフリップフロップに値を書き込むトリガになるのがクロック信号である．フリップフロップにはいろいろな種類があるが，エッジトリガタイプのフリップフロップは，クロック信号が 0 から 1 へ変化するタイミングで入力値を取り込み，その内部に保存する．

つまり，フリップフロップ内の情報が状態を表し，それがクロックに同期して更新される（状態が遷移する）回路が同期式順序回路である．

タイミングチャート

同期式順序回路の回路動作を表すのにはタイミングチャートと呼ばれる図を用いる．タイミングチャートは，横軸に時間をとり，縦軸に複数の信号を列挙する．ある時刻で縦軸の複数の信号を比較すればその時の値の違

▶[クロック信号]
　周期的に電圧の高い状態と低い状態をとる信号であり，典型的なクロック信号は，高電圧と低電圧の時間比が 1:1（これをデューティ比 50％という）の方形波で，一定の周波数を持つ．クロック信号は，水晶発信器などを用いて原周期をつくり，必要な周波数にするために PLL（Phase Locked Loop, 位相同期回路）周波数シンセサイザなどを用いて周波数を変更する．

▶[フリップフロップ]
　Flip-flop; FF, Flip は「ひっくり返る，反転する」，Flop は「バタバタ動く」という意味で，0 と 1 の値が反転しながら動作する回路の様子を指している．フリップフロップの内部構造や動作は次章で述べる．

いをみることができ，一つの信号を横軸に沿ってみればその信号の時間変化を追いかけることができる．つまり，タイミングチャートは，複数の信号の関係や振る舞いを時間の進行に伴って示していることになる．

図11.3にタイミングチャートの例を示す．この例では，I を入力信号とし，その値をフリップフロップ Q にクロックに同期して取り込んでいる．タイミングチャート上は，1クロック遅れて Q および $\overline{Q}$ が変化しているのがわかる．また，$S[3:0]$ は4ビットの状態変数であり，入力 I にしたがって状態が0から1へ遷移していることが読み取れる．

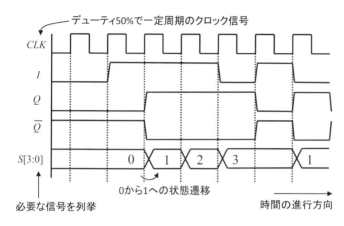

図 11.3　タイミングチャートの例

このようにタイミングチャートは同期式順序回路の動作を目で見える形で表すことができる．

完全指定順序回路と不完全指定順序回路

順序回路（順序機械）において，n 個のフリップフロップを状態保存に使用とすると，2^n 個の状態を表現できる．しかし，実際に使用する状態数は2のべき乗個と決められるわけではないので，すべての状態を使用するとは限らない．すべての状態を使う回路を完全指定順序回路といい，使わない回路を不完全指定順序回路という．これらの定義は以下の通りである．

定義 24（完全指定順序回路）
2^n 個の状態のすべてに対する状態遷移関数値や出力関数値を定義してあることを完全指定あるいは完全定義といい，完全指定の論理関数を完全指定論理関数あるいは完全定義関数という．また，そのような順序回路を完全指定順序回路という．

---

136   11章　順序回路の基礎1

> **定義25（不完全指定順序回路）**
>
> 2^n 個の状態のうち，ある状態 Q_i に対する状態遷移関数値や出力関数値を定義しないことを不完全指定あるいは不完全定義という．不完全指定が1つでもある論理関数を不完全指定論理関数あるいは不完全定義関数という．また，そのような順序回路を不完全指定順序回路という．

▶[不完全指定順序回路の設計]
　実設計において，不完全指定順序回路の未定義状態は誤動作に繋がるため，何らかの処置が必要である．動作時のノイズ等で未定義状態に誤って遷移しても問題が発生しないようにし，かつ，正常状態へ復帰できるように設計することが望ましい．

11.4　順序回路の最適設計

　次に順序回路の最適設計について考える．

　組合せ回路の最適設計は積項数やリテラル総数を削減し，よりコンパクトな回路へ変換することであった．つまり，冗長な論理ゲートを削減し，論理の共通化を進めることで実現しているのである．では，順序回路の最適設計は何をすればよいのだろうか．それは状態数の最小化にほかならない．状態が決まれば，状態を保存するフリップフロップの数も決まる．後は状態遷移関数と出力関数について組合せ回路の最適設計を行えばよい．

　状態数の最小化は，状態数の集合に対して等価な状態を併合して状態数を削減することで行う．ここで状態の等価性について定義する．

> **定義26（状態の等価性）**
>
> 順序回路のおいて，ある状態 p と q のそれぞれに任意の同一の入力系列を与えて得る出力系列が同一である場合に，「p と q は等価である」あるいは「p と q は等価な状態である」といい，$p \equiv q$ と表記する．また，同一の入力系列を与えて得る出力系列が異なる場合に，それらの状態は「識別可能」という．

　以下に状態の最小化手順を示す．

1. 同一入力に対して異なる出力を生成する状態どうしは別グループに分割する．
2. 遷移先の状態が異なるグループに属する場合，その遷移元の状態どうしは識別可能であり，別グループに分割する．
3. 各グループで分割ができなくなるまで，2を繰り返す．
4. 分割後のグループを1つの状態に併合する．

状態最小化の例

　図11.4に最小化前の状態遷移表と状態遷移図を示す．

　この順序機械は，入力 I，出力 O，そして S_0 から S_4 までの5状態を持つ．図11.4(a) に状態遷移表を，(b) に状態遷移図を示している．

　まず，(a) の状態遷移表の出力欄に注目し，同じ入力で同じ出力になる状

現状態	次状態 I=0	次状態 I=1	出力O I=0	出力O I=1
S_0	S_0	S_1	0	1
S_1	S_3	S_4	0	0
S_2	S_2	S_1	0	1
S_3	S_4	S_2	1	0
S_4	S_3	S_0	1	0

(a) 状態遷移表

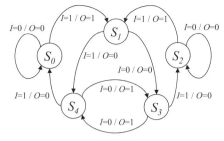

(b) 状態遷移図

図 11.4 初期状態の状態遷移表と状態遷移図

態をグループ化する．ここでは，状態 S_0 と S_2 が同じグループ，状態 S_3 と S_4 が別のグループになり，状態 S_1 はどちらのグループにも入らない．

グループ化された状態遷移表を図 11.5(a) に示す．左表がグループ化した表で，右表が併合した表である．(b) には併合後の状態遷移図を示す．

現状態	次状態 I=0	次状態 I=1	出力O I=0	出力O I=1
S_0	S_0	S_1	0	1
S_2	S_2	S_1	0	1
S_1	S_3	S_4	0	0
S_3	S_4	S_2	1	0
S_4	S_3	S_0	1	0

現状態	次状態 I=0	次状態 I=1	出力O I=0	出力O I=1
S_{02}	S_{02}	S_1	0	1
S_1	S_3	S_4	0	0
S_3	S_4	S_{02}	1	0
S_4	S_3	S_{02}	1	0

(a) 状態遷移表

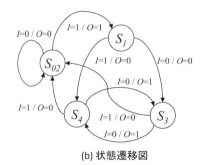

(b) 状態遷移図

図 11.5 グループ分け後の状態遷移表と状態遷移図

状態 S_0 と S_2 は入力 $I=0$ のとき自身への遷移で，$I=1$ のときは同じ状態 S_1 への遷移であることから併合が可能である．この併合に伴い，状態 S_{02}，S_3 および S_4 の $I=0$ の次状態も更新される．さらに，この状態 S_3 と S_4 は，同一グループ内のお互いへの遷移 ($I=0$) と同じ状態 S_{02} への遷移なので併合可能である．その結果を，図 11.6 に示す．

同様に併合されて状態 S_{34} になり，それに伴い自身への遷移と状態 S_1 の $I=0$ および $I=1$ の遷移が同一になり，ここも状態 S_{34} に更新される．これらの併合後，状態遷移図は図 11.6(b) のようになる．

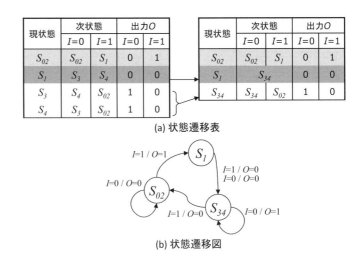

図 11.6　併合後の状態遷移表と状態遷移図

状態最小化の意味

　上記の議論はじつはかなり大雑把なものである．不完全指定有限状態機械では最小化の方法が異なるし，厳密解法だけではなく近似解法も提案されている．これらについての詳細を学ぶのは学問的には興味深い．しかし，ここでは状態最小化の意味について考えてみたい．

　状態を最小化することは，順序回路的には状態遷移関数を簡単化することに他ならない．さらに状態遷移関数を簡単化することの意味は，順序回路の回路規模を縮小し，最終的な LSI 等のコストを下げるためである．一方，LSI に要求されている性能は，コストのみならず高性能化や低消費電力化もある．

　つまり，回路規模を縮小することに注力しすぎることで高性能化や低消費電力化の妨げになってはいけないのである．一般的にこれらはトレードオフの関係にあるので，どこかを突き詰めると他方が悪化する．要はバランスが重要なのである．

　現代の大規模集積回路においては，状態遷移そのものの回路規模よりも，状態遷移によって制御されるデータパスの方が遥かに大規模である．したがって，少々状態数を減らして回路規模を削減しても，LSI 全体からすれば微々たるものである．一方，状態を減らすと一つの状態に複数の意味を持たすことになり，制御信号のデコード等に遅延が生じる可能性がある．つまり，状態の最小化そのものの必要性が薄れてきている．むしろ，積極的に状態数を増やして，制御を簡単にすることで高速化する研究もされている．

　このあたりの議論は，大規模な順序回路の設計手法を扱う後の章でもう一度考えることにする．

[11 章のまとめ]

この章では，以下のことを学びました．

- 組合せ回路にフリップフロップなどのメモリを付加した回路が順序回路．
- 順序回路の動作は有限オートマトンを用いてモデル化でき，それを順序機械という．
- 順序機械は，状態遷移図や状態遷移表を用いて表現できる．
- 順序機械は，出力関数に違いによって，ミーリマシンとムーアマシンに分類できる．
- ミーリマシンは，出力が現状態と入力によって決まる有限オートマトンである．
- ムーアマシンは，出力が現状態のみで決まる有限オートマトンである．
- 同期式順序回路はクロックという特別な信号に同期して動作する順序回路である．
- 同期式順序回路の回路動作は，タイミングチャートによって表すことができる．
- 順序回路（順序機械）おいて n 個のフリップフロップによって状態を保持しているとき，2^n 個の状態すべてを用いる順序回路を完全指定順序回路といい，すべてを用いない順序回路を不完全指定順序回路という．
- 順序回路の最適化は等価な状態を併合し状態数を最小化することであるが，必ずしも状態数を最小にすることが設計目標を達成することにならない．

　ここでは順序回路の基本を学びました．実際に設計できるようになるにはもう少し詳細を学ぶ必要があります．次章では，順序回路で用いられるフリップフロップについて説明します．

11章 演習問題

[A. 基本問題]

問 11.1 次の状態遷移表から等価な状態遷移図を求めなさい.

現状態	次状態		出力O	
	$I=0$	$I=1$	$I=0$	$I=1$
S_0	S_0	S_1	0	1
S_1	S_0	S_2	0	0
S_2	S_2	S_3	0	1
S_3	S_1	S_4	0	0
S_4	S_0	S_3	0	1

問 11.2 次の状態遷移図から等価な状態遷移表を求めなさい.

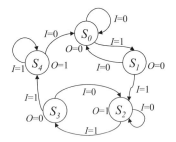

[B. 応用問題]

問 11.3 次の状態遷移図からタイミングチャートを完成させなさい.

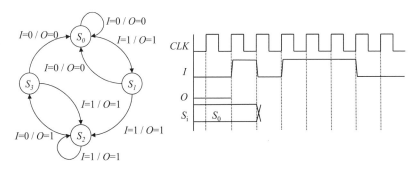

問 11.4 次の状態遷移表からタイミングチャートを完成させなさい.

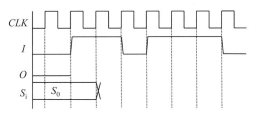

現状態	次状態		出力O
	$I=0$	$I=1$	
S_0	S_0	S_1	0
S_1	S_1	S_2	0
S_2	S_1	S_3	1
S_3	S_3	S_4	0
S_4	S_0	S_3	1

[C. 発展問題]

問 11.5 次の状態遷移表を最小化しなさい.

現状態	次状態		出力O	
	$I=0$	$I=1$	$I=0$	$I=1$
S_0	S_5	S_1	1	0
S_1	S_5	S_4	0	1
S_2	S_0	S_4	0	1
S_3	S_4	S_1	1	0
S_4	S_3	S_0	0	0
S_5	S_0	S_2	1	0

11章 演習問題解答

[A. 基本問題]

問 11.1 解答

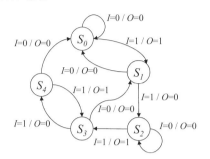

問 11.2 解答

現状態	次状態 $I=0$	次状態 $I=1$	出力 O
S_0	S_0	S_1	0
S_1	S_0	S_2	0
S_2	S_2	S_3	1
S_3	S_2	S_4	0
S_4	S_0	S_4	1

[B. 応用問題]

問 11.3 解答

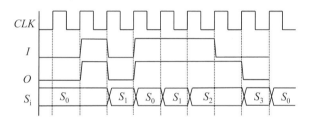

問 11.4 解答

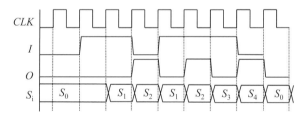

[C. 発展問題]

問 11.5 解答

現状態	次状態 $I=0$	次状態 $I=1$	出力 O $I=0$	出力 O $I=1$
S_0	S_5	S_1	1	0
S_1	S_5	S_4	0	1
S_2	S_0	S_4	0	1
S_3	S_4	S_1	1	0
S_4	S_3	S_0	0	0
S_5	S_0	S_2	1	0

現状態	次状態 $I=0$	次状態 $I=1$	出力 O $I=0$	出力 O $I=1$
S_0	S_5	S_1	1	0
S_5	S_0	S_2	1	0
S_3	S_4	S_1	1	0
S_1	S_5	S_4	0	1
S_2	S_0	S_4	0	1
S_4	S_3	S_0	0	0

現状態	次状態 $I=0$	次状態 $I=1$	出力 O $I=0$	出力 O $I=1$
S_{05}	S_{05}	S_{12}	1	0
S_3	S_4	S_{12}	1	0
S_{12}	S_{05}	S_4	0	1
S_4	S_3	S_{05}	0	0

12 章　順序回路の基礎2
——フリップフロップ——

[ねらい]

　前章で順序回路は状態を保存するメモリを持つことを説明しました．本章ではそのメモリについて学びます．ここで学ぶメモリはフリップフロップと呼ばれている回路です．フリップフロップは，2進数の1ビットを記憶することができ，論理ゲートで作ることができます．

　また，同期式順序回路では，クロックにしたがって動作するメモリが必要になります．フリップフロップは，その回路構成によってはクロックにも同期して動作することもできるため，順序回路の基本構成要素になっています．

　一方，フリップフロップそのものが最小の順序回路ともいえ，そのフリップフロップの構成を学ぶことは順序回路の基本を学ぶことに他なりません．ここでは，いくつかのフリップフロップの構成と導出方法について学びます．

[事前学習]

　本章で扱うラッチ，フリップフロップは図 12.3 にまとめられています．これを理解できる程度には各節を読んでおいてください．

[この章の項目]

SR ラッチ，JK ラッチ，T ラッチ，D ラッチ，フリップフロップ (FF)，SR-FF，JK-FF，T-FF，D-FF，レベルセンシティブ・ラッチ，エッジトリガ・ラッチ

12.1 フリップフロップの基礎

組合せ回路はゲートと結線により構成されフィードバックループを持たない論理回路であった．では，フィードバックループがあるとどのような動作になるのであろうか．図 12.1 に NOT ゲートの出力を入力に接続した回路，すなわちフィードバックループのある NOT ゲートを示す．(a) は出力 O をそのまま入力 A に接続している．$A = 1$ のとき NOT ゲートの出力は 0 なので，フィードバックの接続点で入力の 1 と衝突する．その結果，NOT ゲートの入力が 1 と 0 のどちらかに決まらないため，回路的には NOT ゲートの出力は不安定になる．仮に A の入力がなくなれば，NOT ゲートの入力は NOT ゲートの出力になり，0 と 1 を繰り返す．つまり，発振することになる．この状態を無安定 (astable) という．

▶[フリップフロップの発明者]
Wireless World of a British Association Meeting, 1919 年 11 月号に英国の物理学者ウィリアム・エックルス (William Henry Eccles (1875-1966)) と F.W. ジョーダン (Frank Wilfred Jordan (1881-1941)) が，2 つの真空管を用いて，2 つの状態を交互に変化させる回路（マルチバイブレータ）を発表した．この回路は，2 つの安定状態をもち，1 ビットの情報を記憶できることを示した．

▶[NOT ゲートのフィードバックループ]
「つまり，発振することになる」という特性を活かした回路がリングオシレータである．

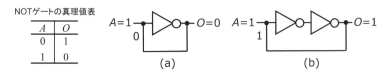

図 12.1　NOT ゲートのフィードバックループ

一方，(b) は NOT ゲートを 2 個直列に接続し，後段の NOT ゲートの出力を前段の NOT ゲートの入力に接続している．$A = 1$ のとき NOT ゲート 2 段なので二重否定となり，出力は 1 となる．したがって，これはフィードバックの接続点で入力と同じ 1 である．(a) とは異なり，入力と同じ入力なので安定して回路は動作する．$A = 0$ のときも同様に出力は 0 となり，こちらも安定して出力される．

では，仮に A の入力がなくなったときどうなるだろうか．(a) では発振したが，(b) は安定して出力し続けることができる．つまり，入力が 0 だったら現在は入力されなくても 0 を出力し続け，1 だったら 1 を出力し続ける．その結果，入力値を保持することができる論理回路となる．この状態を双安定 (bistable) といい，この回路をバイステーブル・ラッチという．バイステーブル・ラッチは広義のフリップフロップであり，最も基本的な記憶回路である．

以上から，フィードバックループがある回路は，回路構成によって双安定なら記憶回路となり，無安定なら発振回路となるのである．

12.2 フリップフロップの分類

図 12.2 に示すように，広義のフリップフロップは非同期型と同期型に分けられ，非同期型をラッチ (latch) といい，同期型を狭義のフリップフロップという．同期型とはすなわちクロック信号をトリガに動作するフリップフロップに他ならない．

さらに非同期型の SR ラッチ，JK ラッチ，T ラッチ，D ラッチなどと，

図 12.2 フリップフロップの分類

同期型の SR-FF，JK-FF，T-FF，D-FF などは，共に機能と回路構成によって細分化される．

図 12.3 に各ラッチ，フリップフロップの機能一覧を示す．回路図記号は四角のボディの左側が入力，右側が出力である．また，フリップフロップ (FF) は左側に三角印があるが，これはクロック入力を示す．

名称	SRタイプ	JKタイプ	Tタイプ	Dタイプ
回路図記号	SRラッチ / SR-FF	JKラッチ / JK-FF	Tラッチ / T-FF	Dラッチ / D-FF
特性表	$S\ R\ \|\ Q^+$ $0\ 0\ \|\ Q$ $0\ 1\ \|\ 0$ $1\ 0\ \|\ 1$ $1\ 1\ \|\ -$	$J\ K\ \|\ Q^+$ $0\ 0\ \|\ Q$ $0\ 1\ \|\ 0$ $1\ 0\ \|\ 1$ $1\ 1\ \|\ \overline{Q}$	$T\ \|\ Q^+$ $0\ \|\ Q$ $1\ \|\ \overline{Q}$	$D\ \|\ Q^+$ $0\ \|\ 0$ $1\ \|\ 1$
備考	Set, Reset	Jordan and Kelly（発明者の名前）	Toggle	Delay

図 12.3 各タイプのラッチ，フリップフロップの機能

特性表は，ラッチ，フリップフロップの入力に対する次状態を示している．真理値表に似ているが，Q が記憶している値という点が異なる．この表は入力によって記憶する値がどう変化するかを示しており，SR-FF の場合，S と R が入力，Q が現在記憶している値，そして Q^+ が次に記憶する値である．たとえば，S と R がともに 0 のとき，Q^+ の欄が Q なのは，次の記憶する値が Q のままであることを示している．$S = 0$ と $R = 1$ なら次の記憶する値 $Q^+ = 0$，$S = 1$ と $R = 0$ なら次の記憶する値 $Q^+ = 1$ である．しかし，$S = 1$ と $R = 1$ の場合は，次の記憶する値 Q^+ は決まらない（不定である）．

JK-FF は $S = 1$ と $R = 1$ の場合に $Q^+ = \overline{Q}$ である点が SR-FF と異なる．T-FF は入力 T が 0 のときは値を保持したままだが，$T = 1$ のときは $\overline{Q}$ が次の値になる．D-FF は入力 D の値がそのまま次の記憶する値に

▶ [JK フリップフロップ]
　この JK の由来については諸説ある．Wikipedia によれば「集積回路の発明で有名なジャック・キルビー (Jack Kilby) がこの回路の開発に携わった際にセット用およびリセット用の入力端子の名前に J と K を割り当ててから JK-FF という名称が使われるようになったという斯界の功労者に付き物の都市伝説」(2017年6月現在「フリップフロップ」より) という逸話が載っているが，筆者が以前調べた限りでは，発明者である Jordan and Kelly から採ったという文献があった．しかし，どこに載っていた情報か現在では不明である．

▶ [三角印があるが…]
　厳密にいえば，エッジトリガタイプのフリップフロップとレベルセンシティブタイプのフリップフロップ（これらの違いについては P.150 で述べる）では，この三角印のある／なし等，記号が違うのだが，ここでは区別しない．気になる人は各規格表等で確認してほしい．

なる．すなわち，$Q = D$ である．

ラッチとフリップフロップの違いは次の通りである．

- ラッチは入力が変化すると Q も変化する．
- フリップフロップは，入力が変化してもクロックが変化するまで Q の値は変更されない．

次にラッチとフリップフロップの構成をみていく．

12.3 ラッチの構成

ここではラッチの構成とその導出方法についてみていく．

SR ラッチの動作と構成

図 12.1 では NOT ゲートにフィードバックループを追加した回路についてみてきた．ここでは NOR ゲートの出力を入力の一つにフィードバックされた場合について考えてみよう．図 12.4 に回路を示す．(a) は NOR ゲートの入力 $A = 1$ の場合である．このとき，NOR ゲートの出力は真理値表から 0 なので入力 $B = 0$ である．この状態は安定している．一方，$A = 0$ の場合はどうだろうか．(b) に示すとおり，$A = 0$ のときは入力 B によって出力が異なる．$B = 1$ なら出力 $O = 0$，$B = 0$ なら出力 $O = 1$ である．しかし，これは安定はせず，出力 O は 0 と 1 を交互に繰り返すことになる．

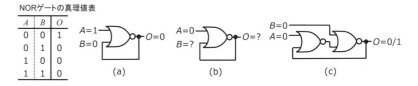

図 12.4　NOR ゲートのフィードバックループ

このように，NOR ゲートを単純にフィードバックさせただけでは，一方の状態は安定するが他方は安定しない．これを単安定 (monostable) という．そこで (c) に示すように NOT ゲートと同様に NOR ゲートも 2 段接続してみよう．(c) には 2 つの入力 A と B が異なる NOR ゲートに片側の入力になり，もう一方の入力は互いの出力が接続される．このときの動作を図 12.5 に示す．

ここでは，図 12.4(c) を少し変形している点に注意が必要である．また，入力を S と R に，出力を Q と $\overline{Q}$ に変えている．図 12.5 の (a) と (b) は，入力 S および R がともに 0 の場合である．(a) は $Q = 1$ のケース，(b) は $Q = 0$ のケースである．どちらも安定してその状態を保持している．つまり，これは (a) では 1 を (b) では 0 を記憶していることを意味している．

同様に (c) のケースは，入力 $S = 1$，$R = 0$ で $Q = 1$ になる．(d) のケースは，入力 $S = 0$，$R = 1$ で $Q = 0$ になる．どちらも安定である．

▶[マルチバイブレータ]
フリップフロップの発明者として紹介したウィリアム・エックルスと F.W. ジョーダンは，正確にはマルチバイブレータの発案したのである．マルチバイブレータは 3 種類に分類される．無安定 (astable) と単安定 (monostable) と双安定 (bistable) である．無安定マルチバイブレータは発振器，双安定マルチバイブレータはラッチやフリップフロップである．では，中途半端で役に立ちそうもない単安定マルチバイブレータは何に使われるのだろうか．じつはアナログ回路的に使用され，タイマー回路やチャタリング防止回路などに使われる．どんな回路も無駄なく利用されるのである．

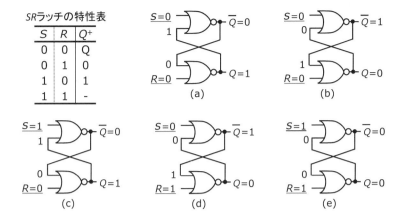

図 12.5 NOR ゲートを用いた SR Latch

そして，最後の (e) は，入力 $S=1$，$R=1$ の場合である．このケースでは出力 Q と $\overline{Q}$ がどちらも 0 を出力する．これは一見すると安定状態のようにみえるが，じつはこれまで Q と $\overline{Q}$ のように相補出力していたのが崩れていることから真に安定しているとはいいがたい．実際に実装によっては，安定せずに発振する場合もある．したがって，この入力は禁止される．

これが SR ラッチである．入力 S は Set 入力，入力 R は Reset 入力を意味する．以上をまとめると図 12.5 の SR ラッチの特性表のようになる．このラッチは，Set 入力も Reset 入力もなければ現在の値を保持し，Set 入力が 1 なら値を 1 に変更し，Reset 入力が 1 なら値を 0 に変更する．そして，Set と Reset 入力が同時に 1 になることを禁止している．

SR ラッチの導出

ここまでに SR ラッチの動作については理解できたのではないかと思う．次は SR ラッチの導出方法について説明する．導出方法は以下の通り．

1. 特性表から展開特性表を作成する．
2. 展開特性表を元に特性方程式を立てる．このとき，相補出力を個別に作ること．
3. 相補出力のそれぞれの特性方程式を回路化する．
4. 2 つの回路を合体して一つの回路とする．

図 12.6 に特性方程式を作るまでを示す．図 12.7 に特性方程式から回路化し，それらを合体して一つの回路にするまでを示す．展開特性表は，特性表を拡張し，入力と現在の値 Q から次の値 Q^+ と $\overline{Q^+}$ の値を定めた表である．特性方程式は，展開特性表の Q^+ と $\overline{Q^+}$ について，それぞれカルノー図を用いて簡単化している．

特性方程式は，これまでの論理式とは異なる．論理式は入力に対して出力を定義する式であるが，特性方程式には自分自身 Q を用いて自分自身

▶[SR Latch の禁止入力]

SR Latch では，Set 入力と Reset 入力を同時に 1 にすることを禁止しているが，回路的には出力は確定する．NOR ゲートを用いた SR Latch（図 12.5(e)）では値が $(Q, \overline{Q}) = (0, 0)$ で安定するが，後述する NAND ゲートを用いた場合はどうなるだろうか．章末問題 12.1 なので解いてみて欲しい．結論から言うと，本文に書いているように相補出力が崩れているからだけではなく，同じ入力なのに回路構成によって結果が違うために禁止されているのである．また，「実装によっては安定せず発振する場合も…」とは，どちらのタイプも入力信号の $(S, R) = (0, 0) \to (1, 1)$ や $(S, R) = (1, 1) \to (0, 0)$ の変化の結果が，$(0, 1)$ か $(1, 0)$ のどちらで安定するか確定できない（微妙な変化タイミングの違いでどちらにもなり得る）からである．

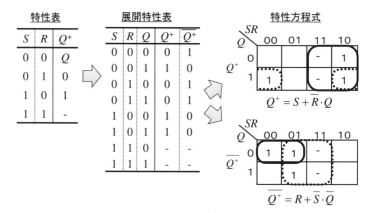

図 12.6　SR ラッチの導出（その 1）

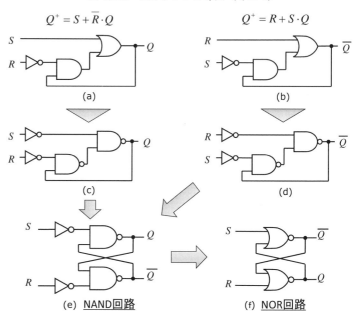

図 12.7　SR ラッチの導出（その 2）

Q^+ を定義している．しかし，Q と Q^+ は同じラッチの値を意味するが時間が異なるのである．つまり，現在のラッチの出力 Q と，次のラッチの出力 Q^+，すなわち現在のラッチの入力を意味する．ここがフィードバックループを式に表していることに他ならない．

他のラッチの構成

では，他のラッチの構成はどのように導出するのだろうか．その方法の前に，ある状態遷移を起こしたいとき，入力をどのように設定すればよいかを考える．

展開特性表は入力と現在の状態から次状態を定めた表であった．ここから現状態と次状態の変化に着目し，それを引き起こす入力の一覧を作成す

る．これを入力要求表，あるいは励起表 (Excitation table) という．入力要求表は，ラッチやフリップフロップの現状態がある状態へ遷移するために必要な入力の条件を示したものである．この入力条件を論理関数で表現したものを入力条件式，あるいは励起関数という．

SRラッチの展開特性表

S	R	Q	Q^+	$\overline{Q^+}$
0	0	0	0	1
0	0	1	1	0
0	1	0	0	1
0	1	1	0	1
1	0	0	1	0
1	0	1	1	0
1	1	0	-	-
1	1	1	-	-

SRラッチの入力要求表

Q	Q^+	S	R
0	0	0	-
0	1	1	0
1	0	0	1
1	1	-	0

図 12.8 入力要求表（励起表）の例

図 12.8 に SR ラッチの展開特性表と入力要求表（励起表）を示す．左が展開特性表であり，これを基に同じ次状態になる入力の組合せをまとめることで右の入力要求表が作成される．$Q \rightarrow Q^+$ となる状態遷移パターンは4 通り ($0 \rightarrow 0$, $0 \rightarrow 1$, $1 \rightarrow 0$, $1 \rightarrow 1$) あり，そのすべての入力値を列挙している．このとき，入力条件が 0 も 1 もある場合はドントケアであり，$-$ で示している．

さて，ここで JK ラッチを例にその回路構成を導出する．手順は次の通りである．

1. JK ラッチの特性表から展開特性表を作成する．
2. 展開特性表から入力要求表を作成する．
3. この入力要求表と SR ラッチの入力要求表を結合し，拡大入力要求表を作成する．
4. S と R を Q, J, K を用いた論理式を求める．
5. SR ラッチを用いた回路を作成する．

図 12.9 に JK ラッチを例に導出過程を示している．JK ラッチの入力要求表に同じ遷移をする SR ラッチの入力要求表を結合し，(a) 拡大入力要求表を作成する．そして，この拡大入力要求表から S と R を Q, J, K で表すために (b) カルノー図を作成し，簡単化して S と R の論理式を導く．これは SR ラッチへの入力に他ならないので，この式を基に SR ラッチを用いて回路を作成する (d)．最終的に SR ラッチをゲートで展開すれば (e) の JK ラッチ回路が完成する．

以上の手順で SR ラッチから JK ラッチを導出することができた．他のラッチも同様である．

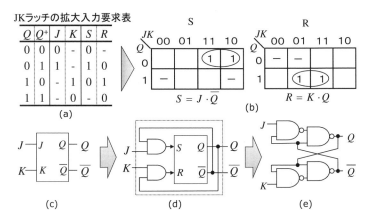

図 12.9 *JK* ラッチの導出

12.4 フリップフロップの構成

狭義のフリップフロップはクロック信号に同期して状態が遷移するラッチである．一般的にクロックの立ち上がりエッジに同期する．また，SR 型や JK 型のフリップフロップも存在するが，最もよく使われているのは D フリップフロップである．ここでは，まず始めにクロック信号が 1 のときに状態が遷移する D フリップフロップ（レベルセンシティブ D ラッチ）について考える．その後，それを応用してクロック信号の立ち上がりエッジで動作する D フリップフロップ（エッジトリガ D ラッチ）を導出する．

▶[レベルセンシティブ・ラッチ]
　クロック信号が 1 のときに状態が遷移するフリップフロップのことをレベルセンシティブ・ラッチ (Level sensitive latch) ともいう．それに対して，クロックの立ち上がりエッジに同期するフリップフロップをエッジトリガ・ラッチ (Edge-triggered latch) という．

D ラッチ

まず，図 12.10 に D ラッチの導出を示す．D ラッチの導出過程は，基本的に JK ラッチと同様であり，その結果は (e) の回路構成になる．

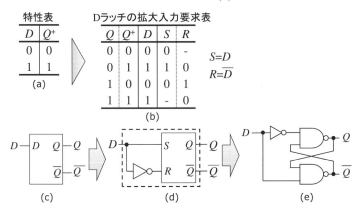

図 12.10 D ラッチの導出

D ラッチの動作は，D 入力に 1 が入れば現在の Q の値にかかわらず Q^+ は 1 になり，0 が入れば Q^+ は 0 になる．

レベルセンシティブ D ラッチ

ここで D ラッチにクロック信号 C を入力し，その $C=1$ のときだけ入力 D の値を取り込むようにする方法について考える．

D ラッチは SR ラッチを元に構成することができた．一方，SR ラッチは，入力 S と R がともに 0 のとき，保持している値は変更されない．このことから，D ラッチを構成する SR ラッチの S 入力と R 入力の直前に AND ゲートを挿入し，それぞれの AND ゲートの一つの入力にクロック信号 C を入力する．他方の入力は D ラッチと同じである．このように構成した回路を図 12.11 に示す．

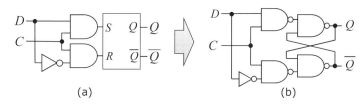

図 12.11 レベルセンシティブ D ラッチの構成

この回路は，クロック信号 C が 0 の場合，SR ラッチの S 入力と R 入力がともに 0 になり，入力 D が何であろうと保持している値は変更されない．一方，クロック信号 C が 1 の場合，AND ゲートの出力は入力 D と同じになり，従来の D ラッチと同じ動作をする．

以上から，目的としたレベルセンシティブ D ラッチを実現できた．

D フリップフロップ（エッジトリガ D ラッチ）

さて，最後は D フリップフロップ（D Flip-Flop．以下，D-FF）の導出である．

D-FF は先に述べたとおりクロック信号の立ち上がりエッジでデータを内部に取り込む．では，クロック信号の立ち上がりエッジ，すなわち 0 から 1 の変化をとらえて値を取り込むようにするにはどうすればよいか．その解は，レベルセンシティブ D ラッチを 2 段カスケードに接続する．そして，前段ラッチのクロック信号入力には NOT ゲートを通してクロック信号の反転を入力し，後段のラッチにはクロック信号をそのまま入力する．このような接続によって，この 2 つのレベルセンシティブ D ラッチは排他的に動作する．図 12.12 に D-FF の回路図と動作のタイミングチャートを示す．(a) は接続図，(b) は D-FF のシンボル図，(c) は立ち上がりエッジの動作，(d) に動作のタイミングチャート例を示している．

(a) に示したように，L0 の G 端子に入力されているクロックは，NOT ゲート分だけ信号遅延がある．したがって，(c) のように CLK 信号の変化後も少しだけ D を取り込んでいる時間があり，その結果，L0 の出力にはその D 入力の値が出力される．一方，L1 はクロック信号が 1 になると値を

取り込む．つまり，クロック信号の立ち上がり時のわずかな時間だけ，L0，L1 ともに D 入力が記憶されることになる．それ以外の時間は，どちらかのラッチが値を取り込まないので，保持している値が変化することはない．このように，D-FF はクロック信号に同期してデータを取り組むのである．

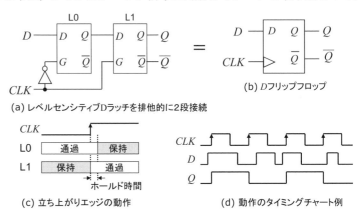

図 **12.12** D-FF の構成

▶[セットアップ時間とホールド時間]
　エッジトリガ・ラッチでクロックの立ち上がり時のデータを保障するためにセットアップ時間とホールド時間を定めている．セットアップ時間は，クロックの立ち上がり直前のデータが変化してはいけない時間であり，ホールド時間は，クロックの立ち上がり直後のデータが変化してはいけない時間である．

(d) に動作の例をタイミングチャートで示している．この例からも分かるように，クロック信号の 0 から 1 の変化時のみ Q の値は変化している．クロック信号が 1 や 0 の間に D が変化しても，Q は変化しないことがわかる．

以上で順序回路が状態を保存するためのメモリであるラッチとフリップフロップの説明は終わりである．見ての通り，ラッチやフリップフロップそのものも一種の順序回路となる．

[12 章のまとめ]

この章では，以下のことを学びました．

- 順序回路に用いるメモリにはラッチとフリップフロップがあること．
- ラッチは非同期，フリップフロップはクロック信号に同期する．
- それぞれ SR タイプ，JK タイプ，T タイプ，D タイプの回路構成がある．
- SR ラッチの導出は，特性表から展開特性表を作成し，それを元に特性方程式をつくる．それを簡単化してゲートで表現する．
- 他のラッチの導出は SR ラッチの入力要求表から目的のラッチの拡大入力要求表を作成し，それを元に特性方程式をつくる．それを簡単化してゲートで表現する．
- フリップフロップの元になる回路はレベルセンシティブ・ラッチである．
- レベルセンシティブ・ラッチを排他的に 2 段接続した回路がフリップフロップである．
- ラッチやフリップフロップも順序回路の一種である．

　ここでは順序回路の基本構成要素であるフリップフロップの基礎を学びました．ラッチ，フリップフロップにはいろいろな種類がありますが，現代の LSI ではほぼエッジトリガで動作する D-FF しか使われません．ですから，少なくとも D-FF だけは理解してください．この後の章では，この D-FF を用いた順序回路の実例と設計方法について学びます．

12章 演習問題

[A. 基本問題]

問 12.1 図 12.7(e) に示した SR ラッチの NAND 回路の S と R にそれぞれ 1 を入力した時，Q と $\overline{Q}$ の出力はどうなるか示しなさい．

問 12.2 JK ラッチの展開特性表を示しなさい．

問 12.3 下図 (a) に示す OR ゲートのフィードバック回路に下図 (b) の入力を入れた場合の出力波形を示しなさい．

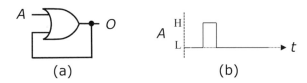

[B. 応用問題]

問 12.4 JK ラッチの状態遷移図を示しなさい．

問 12.5 D ラッチ $L0$，レベルセンシティブ D ラッチ $L1$，D-FF $L2$ に下記に示すタイミングチャートを入力した時のそれぞれの出力 Q を示しなさい．

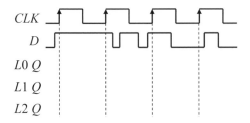

問 12.6 SR ラッチを用いて T ラッチを構成しなさい．

[C. 発展問題]

問 12.7 クロック入力 (C) 付きの SR ラッチ（レベルセンシティブ SR ラッチ）を設計しなさい．ただし，リセット入力 (R) はセット入力 (S) が 1 のときでも有効とする（R が 1 であればセット入力にかかわらず FF の値は必ず 0 になる．リセット優先 SR ラッチ）．

12章 演習問題解答

[A. 基本問題]

問 12.1 解答

NANDゲートを用いたSRラッチのSとRの両入力に1が入ると，NOTゲートで反転し，NANDゲートの入力は0になる．NANDゲートはどちらかの入力が0なら出力は1なので，Qと$\overline{Q}$は両方とも1を出力する．

問 12.2 解答

特性表

J	K	Q^+
0	0	Q
0	1	0
1	0	1
1	1	$\overline{Q}$

展開特性表

J	K	Q	Q^+	$\overline{Q^+}$
0	0	0	0	1
0	0	1	1	0
0	1	0	0	1
0	1	1	0	1
1	0	0	1	0
1	0	1	1	0
1	1	0	1	0
1	1	1	0	1

問 12.3 解答

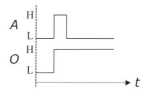

[B. 応用問題]

問 12.4 解答

図12.9(a) の拡大入力要求表から，状態遷移図を作成すると下図のようになる．

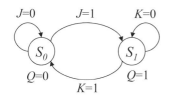

JKラッチの状態遷移図（ムーア・マシン）

問 12.5 解答

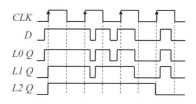

問 12.6 解答

JKラッチ，Dラッチと同様にTラッチの特性表から展開特性表を作る．これとSRラッチの入力要求表から拡大入力要求表を作成し，SとRをTとQを用いた式を立てる．それを元に回路図に書くと次の通りである．

Tラッチの拡大入力要求表

Q	Q^+	T	S	R
0	0	0	0	-
0	1	1	1	0
1	0	1	0	1
1	1	0	-	0

$S = \overline{Q} \cdot T$
$R = Q \cdot T$

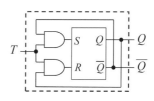

[C. 発展問題]

問 12.7 解答

展開特性表からQ^+と$\overline{Q^+}$の特性方程式をたて，カルノー図を用いて簡単化すると次のようになる．

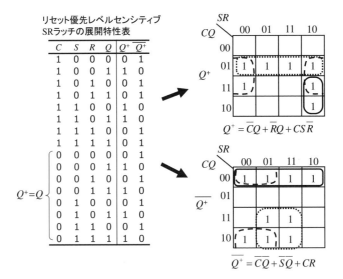

これを次に示す変形を行う．

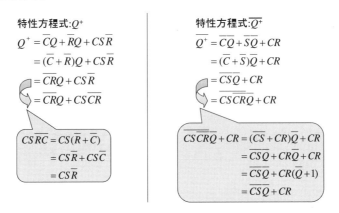

そして，これを基に回路図で書くと次のように求まる．

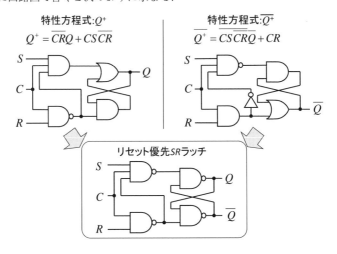

13章　順序回路の設計1
——順序回路の実例——

[ねらい]

　11章で順序回路を表現する状態遷移を，12章で順序回路の重要な構成要素であるフリップフロップを学びました．これらは順序回路の基礎になります．本章ではこれらを用いた典型的な順序回路を学びます．

　ここでは順序回路の実例として，フリップフロップの応用であるレジスタとシフトレジスタ，そして周期的な状態遷移を持つカウンタ回路について説明します．この章で示す順序回路の例は，同期式順序回路でよく使われる回路です．

　特にカウンタ回路は様々な種類があり，昔はカウンタ回路をベースにあらゆる順序回路が作られた程です．それらを分類整理しながらその特徴と回路構成法を学びます．

[事前学習]

　本章は順序回路の具体例と設計方法について書かれています．すべて重要ですので通して読んで理解に努めてください．

[この章の項目]

レジスタ，シフトレジスタ，カウンタ，アンフィルド・コード・カウンタ，フィルド・コード・カウンタ，バイナリ・カウンタ，グレイコード・カウンタ，ジョンソン・カウンタ，リング・カウンタ，LFSR

13.1 レジスタとシフトレジスタ

前章で順序回路の最も基本的な回路としてフリップフロップについて説明した．それではそのフリップフロップを用いた順序回路にはどのようなものがあるだろうか．

ここではフリップフロップを複数接続した回路を 2 種類示す．一つはレジスタであり，もう一つはシフトレジスタである．

レジスタはプロセッサを始めディジタル集積回路中で複数ビットのデータを一時的に記憶させておく回路である．図 13.1 に 4 ビットレジスタの例を示す．レジスタは単純にデータを記憶するだけであるから，D-FF を並列に配置し同じクロック信号で接続する．この回路は，クロック信号 (CLK) に同期してデータ (D_0, D_1, D_2, D_3) を取り込み，各 D-FF(Q_0, Q_1, Q_2, Q_3) に記憶する．

▶ [レジスタ]
　一般的なレジスタの構成は，入力，出力が並列か直列かによって 4 種類に分類できる．並列入力並列出力 (Parallel-In, Parallel-Out; PIPO)，並列入力直列出力 (Parallel-In, Serial-Out; PISO)，直列入力並列出力 (SIPO)，直列入力直列出力 (SISO) である．他，出力が直列と並列の両方を持つものもある．本文で示したいわゆるレジスタは PIPO であり，シフトレジスタは SISO である (説明のためパラレル出力も出している)．また，PISO をパラレル–シリアル変換器 (SERializer)，SIPO をシリアル–パラレル変換器 (DESerializer) ともいわれ，両方をまとめて SerDes 回路という．

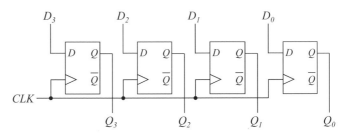

図 13.1 4 ビットレジスタの例

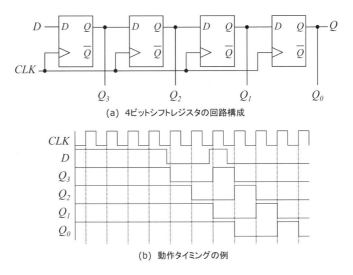

(a) 4ビットシフトレジスタの回路構成

(b) 動作タイミングの例

図 13.2 4 ビットシフトレジスタの例

一方，シフトレジスタは，入力信号が最初の D-FF に入り，その D-FF の出力が次段の D-FF に入力となる．これを必要段数接続した回路である．シフトレジスタの出力は最終段の D-FF の出力になる．

図 13.2 に 4 ビットのシフトレジスタの回路構成を (a) に示す．入力は D であり，この例では動作の説明のために各 D-FF の出力 (Q_0, Q_1, Q_2, Q_3)

を出しているが，シフトレジスタ回路の出力は Q である．また，動作タイミング例を (b) に示す．シフトレジスタは D 入力の値がクロック信号に同期して次段の D-FF に転送されていく．その結果，n ビットのシフトレジスタは，入力データが n クロック遅れて出力される．

13.2 カウンタ

カウンタはクロック以外の入力信号がなくても状態遷移を起こす代表的な同期式順序回路である．カウンタは，その名の通り計数器ともいわれクロックパルスを数えるための回路である．

カウンタの分類

カウンタは有限個の状態を持ち，ある初期状態から状態遷移を一定パターン繰り返し，再び初期状態に戻ってくる．状態の保存はフリップフロップによって行われるので，状態数に応じてフリップフロップの使用個数は決まる．すなわち，n 個のフリップフロップを用いたカウンタは，2^n 状態を表現することができる．しかし，実際はすべての状態を必要としない場合もある．たとえば，0 から 9 までをカウントする 10 進数のカウンタは，10 状態あればよいのでフリップフロップは 4 個必要である．しかし，4 個のフリップフロップで表現できる状態は 16 状態なので，この場合は 6 状態使われない．このように表現できる状態をすべて使うか使わないかでカウンタを分類することができる．前者は 11.3.2 節 (P.135) で説明した完全指定順序回路であり，これをフィルド・コード・カウンタ (Filled code counter) という．後者は不完全指定順序回路であり，これをアンフィルド・コード・カウンタ (Unfilled code counter) という．

▶[カウンタ]
本文で「クロック以外に入力信号がなく」と書いているが，もちろん，クロック以外の入力があってもよい．たとえば入力として，リセット信号（この信号が有効になるとカウンタの値が初期化される）やイネーブル信号（この信号が有効のときのみカウントを行う）などである．また，クロック以外の信号を数えてもよい．ある信号が 1 になった回数を数えるなど．つまり，何かを数える回路はカウンタである．

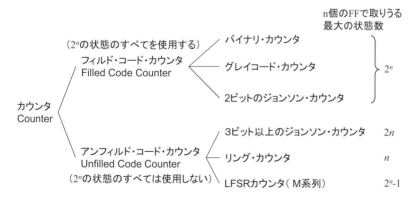

図 **13.3** カウンタの分類

図 13.3 にカウンタの分類を示す．カウンタは 2 つに分類され，その下は動作によって分類される．以下にここで挙げた各カウンタの詳細を述べる．

▶ [カウンタと分周器]
　高い周波数のクロックをバイナリ・カウンタで計数すると，ある桁の周波数は桁が1つ大きくなるに従って2分の1になっていく．たとえば，バイナリカウンタの最下位桁はクロック周波数の半分で，その次の桁はさらにその半分のクロック周波数の1/4になる．この特徴を利用した回路が分周器（プリスケーラ）である．

▶ [古賀逸策]
　こがいっさく，1899.12.5-1982.9.2，日本の電気工学者．佐賀県出身．第五高等学校（現熊本大学）から東京帝国大学に進学．東京工業大学および東京大学名誉教授．水晶発振器の研究のパイオニアであり，分周期，クォーツ時計などの発明者．

バイナリカウンタ

n 個のフリップフロップを用いると 2^n 個の状態を表現でき，その状態の組を2進数とみなした場合，その増加または減少の順番で状態遷移する順序回路をバイナリカウンタ（2進カウンタ）という．特に増加順をアップカウンタ，減少順をダウンカウンタという．

ここでは $n=2$ すなわち2ビットのバイナリアップカウンタを例にして回路を導出する．2ビットバイナリアップカウンタは，次のように状態が遷移する．

$$\underline{00} \to 01 \to 10 \to 11 \to \underline{00} \to \cdots$$

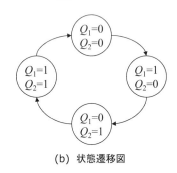

図 **13.4**　2ビットバイナリアップカウンタの状態遷移

図13.4に2ビットバイナリアップカウンタの状態遷移表および状態遷移図を示す．これから Q_1^+ と Q_2^+ を導出すると，以下のようになる（導出課程は省略）．

$$Q_1^+ = \overline{Q_2} \cdot \overline{Q_1} + Q_2 \cdot \overline{Q_1}$$
$$= \overline{Q_1}$$
$$Q_2^+ = \overline{Q_2} \cdot Q_1 + Q_2 \cdot \overline{Q_1}$$

したがって，上記の式から回路図を求めると図13.5となる．

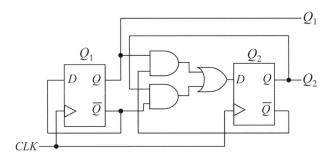

図 **13.5**　2ビットバイナリアップカウンタの回路図

グレイコードカウンタ

グレイコードは，4.5.2節 (P.47) のカルノー図の座標ラベルで述べたよう

に交番二進符号ともいわれ，前後に隣接する符号間がハミング距離1，すなわち，隣接する符号への変化は1ビットしかないという特徴を持つ．このグレイコードもn個のフリップフロップを用いると2^n個の状態を表現できるフィルド・コード・カウンタである．バイナリカウンタと同様にアップカウンタとダウンカウンタがある．グレイコードの場合，アップとダウンが分かりにくいが，00⋯00から10⋯00へ遷移する方向がアップカウンタで，逆に10⋯00から00⋯00へ遷移する方向がダウンカウンタである．

ここでは$n=2$すなわち2ビットのグレイコードアップカウンタを例にして回路を導出する．2ビットグレイコードアップカウンタは，次のように状態が遷移する．

$$\underline{00} \to 01 \to 11 \to 10 \to \underline{00} \to \cdots$$

(a) 状態遷移表

現状態		次状態	
Q_2	Q_1	Q_2^+	Q_1^+
0	0	0	1
0	1	1	1
1	0	0	0
1	1	1	0

(b) 状態遷移図

図 **13.6** 2ビットグレイコードアップカウンタの状態遷移

図13.6に2ビットグレイコードアップカウンタの状態遷移表および状態遷移図を示す．これからQ_1^+とQ_2^+を導出すると，以下のようになる．

$$Q_1^+ = \overline{Q_2}$$
$$Q_2^+ = Q_1$$

したがって，上記の式から回路図を求めると図13.7となる．

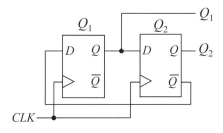

図 **13.7** 2ビットグレイコードアップカウンタの回路図

リングカウンタ

リングカウンタは最終段の出力を初段の入力にしたカウンタで，基本的

に特定の初期値をフリップフロップにセットしてから動作させる．カウンタの動作としては，シフトレジスタと同様にフリップフロップの値を次段に転送し，最終段から初段に戻る．したがって，初期値で設定した値が各フリップフロップ間を巡回するカウンタとなる．たとえば，初期値を 001 とした 3 ビットのリングカウンタは，

$$\underline{001} \to 010 \to 100 \to \underline{001} \to \cdots$$

のように動作する．他の例では，初期値を 00111 とした 5 ビットのリングカウンタは，

$$\underline{00111} \to 01110 \to 11100 \to 11001 \to 10011 \to \underline{00111} \to \cdots$$

となる．このように，このカウンタはアンフィルド・コード・カウンタである．基本回路構成を図 13.8 に示す．ただし，初期値の設定回路は省略している．

▶[ワンホット・ステート・カウンタ]
One-hot state counter. リングカウンタを構成するフリップフロップの中に 1 が 1 つしか含まない場合をワンホット・ステート・カウンタという．一般的には，カウンタから何らかの制御信号を生成しようとすると，カウンタの状態をデコードして信号を生成する．しかし，ワンホットを用いればデコードの必要はなく，高速に動作させることができる．しかし，状態が増えるとフリップフロップの数も状態数だけ必要になるので，一般的には大規模になる．

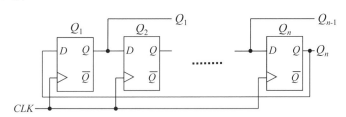

図 13.8　リングカウンタの回路構成

ジョンソンカウンタ

ジョンソンカウンタは，1 クロックごとに順次 '1' の状態のフリップフロップが増加していき，全フリップフロップが '1' になった後は順次 '0' の状態に変わっていく動作を行うカウンタである．2 ビットのジョンソンカウンタは，2 ビットのグレイコードカウンタと同じであり，これはフィルド・コード・カウンタである．しかし，3 ビット以上のジョンソンカウンタは，不完全指定となるのでアンフィルド・コード・カウンタである．

ここでは $n=3$ すなわち 3 ビットのジョンソンアップカウンタを例にして回路を導出する．3 ビットジョンソンアップカウンタは，次のように状態が遷移する．

▶[ジョンソンカウンタ]
Switch-tail ring counter ともいう．その名の通り，先に説明したリングカウンタの仲間である．

$$\underline{000} \to 001 \to 011 \to 111 \to 110 \to 100 \to \underline{000} \to \cdots$$

回路構成は，シフトレジスタの最終段の出力を反転して初段に戻す構成である．したがって，すべてのフリップフロップがリセットされて動作を開始するなら，たとえば 3 ビットのジョンソンカウンタでは，010 や 101 は出現しない（定義されない）．

▶[010 や 101 は出現しない…]
はずであるが，ノイズ等で出現してしまった場合の対処は必要である．不完全指定順序回路 (P.135) で述べたとおり，実設計においては何らかの対策を施すことが必要である．

基本回路構成を図 13.9 に示す．ただし，リセット回路は省略している．

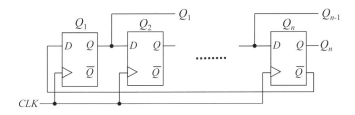

図 **13.9** ジョンソンカウンタの回路構成

線形帰還シフトレジスタ

線形帰還シフトレジスタは，シフトレジスタに特定のビット間で排他的論理和 (XOR) を施した値をフィードバックさせる回路である．これは線形写像であり，オール 0 以外のすべての値が出現する．したがって，n ビットの LFSR は最大 $2^n - 1$ の状態をとる．ただし，これにはオール 0 以外の初期値を設定する必要があり，その値から始まる一連のシーケンスは決定的である．この値のシーケンスを決定するのは，どのビット間で排他的論理和をとるかによって変わり，これを多項式で表すことができる．これを帰還多項式あるいは特性多項式という．

たとえば，図 13.10 は 4 ビットのシフトレジスタのフリップフロップ 3 とフリップフロップ 4 の排他的論理和をとり，それをフリップフロップ 1 の入力に戻している．この LFSR の帰還多項式は，

$$f(x) = x^4 + x^3 + 1$$

となる．

▶[線形帰還シフトレジスタ]
Linear Feedback Shift Register, LFSR. LFSR は単純な回路の割りに，帰還多項式次第で乱数のようなビット列を簡単に生成し，その周期も長いという特徴がある．LFSR の用途としては擬似乱数生成器，高速カウンタ，擬似ノイズ生成器など．

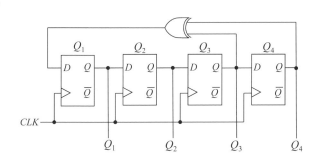

図 **13.10** 4 ビット LFSR の回路構成例

排他的論理和をとるフリップフロップの位置によってシーケンスの周期が変わる．帰還多項式は，一連のシーケンスが最大周期 ($2^n - 1$) になるように設定される．たとえば，帰還多項式が，

$$f(x) = x^3 + x^2 + 1$$

のとき，初期値を 0101 とするとシーケンスは，

0101→ 1011 → 0111 → 1110 → 1100 → 1001 → 0010 →0101→⋯

164   13 章　順序回路の設計 1

▶[M 系列]
　M-sequence; Maximum length sequence, MLS. ディジタル通信分野などで擬似乱数発生器として利用される.

となり，7 個の値しか出現しない．一方，図 13.10 の回路のシーケンスは，同じく 0101 を初期値として，

$\underline{0101} \to 1011 \to 0111 \to 1111 \to 1110 \to 1100 \to 1000 \to 0001 \to 0010 \to$
$\to 0100 \to 1001 \to 0011 \to 0110 \to 1101 \to 1010 \to \underline{0101} \to \cdots$

となり，最大周期 ($2^4 - 1 = 15$) を示す．一般的に LFSR は最大周期を示す多項式を用いることから M 系列ともいわれる．LFSR（M 系列）の理論的な側面については文献 9) を参照されたい.

13.3　順序回路の設計手順

　11 章では順序回路の表現形として状態遷移を学び，12 章では順序回路の重要な要素としてのフリップフロップを学んだ．そして，この章ではよく使われる順序回路を具体的にみてきた.

　ここでは，これまでの知識を基礎にいろいろな順序回路を設計する手順を整理する．具体的な設計手順は以下の通りである.

1. 設計したい順序回路の仕様を理解し，状態遷移図で表現する.
2. 状態の最適化を行う（省略可）.
3. 各状態に 2 進コードを割り当て，状態遷移表を作成する.
4. 特性方程式を立てて状態遷移関数を求める.
5. 同様に出力関数も求める.
6. それぞれを簡単化して回路化する.

　未知の順序回路を考える場合，いきなり状態遷移表から書き始めることは避けたい．それでは見通しも悪いし，書き直しになることが懸念されるからである．まずは，回路動作を考えるには状態遷移図を描くことからはじめる．2. の状態数の最小化は，前にも述べたとおり最近ではあまり重視されない．3. の 2 進コードの割り当ては，最適なコード割り当てをすることが一般的に難しい問題である．状態が遷移する 2 状態間のハミング距離が小さくなるように割り当てることが有効であるが，決定的なアルゴリズムは発見されていない．また，コード割り当てをすることによって，この順序回路で使用するフリップフロップの数が確定する．4. と 5. は組合せ回路の設計と同じである．6. の簡単化も同様.

　以上，これらの手順で順序回路を設計することが多いが，具体的に設計例をみながら各ステップの詳細を説明する．課題として次の回路を設計する.

> 入力信号 I に 1 が連続して 3 回入力されると，次のクロックから出力信号 O から 1 を出力し，1 を出力している状態で 0 が連続して 2 回入力されると次のクロックから出力が 0 になる．また，それ以外の状態では前の出力を維持する回路をクロック付き D-FF を用いて設計したい.

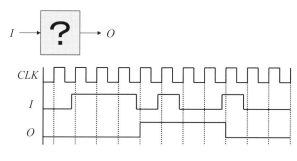

図 13.11　動作タイミングの例

図 13.11 に動作例のタイミングチャートを示す．これからも分かるとおり，$I=1$ が 3 クロック連続すると $O=1$ になり，$I=0$ が 2 クロック続くと $O=0$ になる．また，$I=1$ が 1 クロックでは $O=1$ にならない．$O=1$ でも $I=0$ が 1 クロックでは $O=0$ にはならない．

ステップ 1：全体方針

このような仕様から機能を読み取ることが最初のステップである．たとえば，「入力信号 I に 1 が連続して 3 回入力されると」とか「それ以外の状態では」などから，これは順序回路ということが分かる．

また，「次のクロックから出力信号 O から 1 を出力し」や「次のクロックから出力が 0 になる」などから，入力信号に無関係に出力が決まることが分かり，これがムーアマシンで設計するのが適切と読み取れる．

ステップ 2：状態数の決定と状態遷移図の作成

さて，ムーアマシンで設計することが決まったので，次は状態数がいくつ必要かを考える．初期状態を S_0 として，この仕様を解釈すると以下のようになる．これを状態遷移図で表すと図 13.12 となる．

状態 S_0: 初期状態
　　「0」が入力されると状態 S_0 のまま
　　「1」が入力されると状態 S_1 へ遷移
状態 S_1: 「1」が 1 回入力された状態
　　「0」が入力されると状態 S_0 へ遷移
　　「1」が入力されると状態 S_2 へ遷移
状態 S_2: 「1」が 2 回入力された状態
　　「0」が入力されると状態 S_0 へ遷移
　　「1」が入力されると状態 S_3 へ遷移
状態 S_3: 「1」が 3 回入力された状態
　　「0」が入力されると状態 S_4 へ遷移
　　「1」が入力されると状態 S_3 のまま
状態 S_4: 「1」が 3 回入力された後，「0」が 1 回入力された状態
　　「0」が入力されると状態 S_0 へ遷移
　　「1」が入力されると状態 S_3 へ遷移

ここから，この順序回路に必要なフリップフロップの数を求めると，5 状

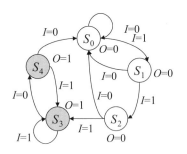

図 13.12 設計する回路の状態遷移図

態あることから少なくとも 3 ビットが必要と分かる．

ステップ 3：状態遷移表の作成

次は状態遷移表の作成である．ここでは各状態に 2 進コードを割り当て，状態遷移表を完成させる．

表 13.1 に 2 進コードの割り当て例とその状態遷移表を示す．現状態の Q_1 から Q_3 の太字の値が割り当てた 2 進コードである．

表 13.1 設計する回路の状態遷移表例

| | 現状態 ||| 次状態 |||||| 出力 |
| | Q_1 | Q_2 | Q_3 | Q_1^+ || Q_2^+ || Q_3^+ || O |
				$I=0$	$I=1$	$I=0$	$I=1$	$I=0$	$I=1$	
S_0	0	0	0	0	1	0	0	0	0	0
S_1	1	0	0	0	0	0	1	0	0	0
S_2	0	1	0	0	1	0	1	0	1	0
S_3	1	1	1	0	1	0	1	1	1	1
S_4	0	0	1	0	1	0	1	0	1	1

この割り当てコードが最適かどうかは，この段階では分からない．割り当て方針としては，先に述べたとおり状態が遷移する 2 状態間のハミング距離が小さくなるように割り当てることが有効であるが，出力関数を考慮すると必ずしも当てはまらない可能性もある．この表のコード割り当ては，ハミング距離を最小に設定してはいない．

ステップ 4：特性方程式の簡単化

この状態遷移表を基に展開特性表を作成し，特性方程式を立てる．そして，それらを簡単化する．この例では，Q_1, Q_2, Q_3, I が入力で Q_1^+, Q_2^+, Q_3^+ が出力にあたる．その結果，展開特性表は，表 13.2 のようになる．ただし，割り振られることがなかった 2 進コードはドントケアになるので，$D.C.(Q_1, Q_2, Q_3, I) = \{0110, 0111, 1010, 1011, 1100, 1101\}$ となる．

つぎに，この表 13.2 を基にカルノー図で簡単化すると図 13.13 となる．

一方，出力関数は，ムーアマシンであるので現状態 Q_1, Q_2, Q_3 のみで決まり，図 13.14 のように求まる．ドントケアも状態遷移関数と同じである．

表 13.2 設計する回路の展開特性表

Q_1	Q_2	Q_3	I	Q_1^+	Q_2^+	Q_3^+
0	0	0	0	0	0	0
0	0	0	1	1	0	0
0	0	1	0	0	0	0
0	0	1	1	1	1	1
0	1	0	0	0	0	0
0	1	0	1	1	1	1
1	0	0	0	0	0	0
1	0	0	1	0	1	0
1	1	1	0	0	0	1
1	1	1	1	1	1	1

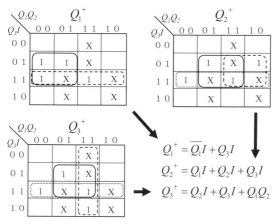

図 13.13 カルノー図と特性方程式

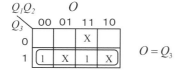

図 13.14 出力関数

ステップ5：回路化

以上の結果から回路図をおこすと図 13.15 のように求まる．ハッチングされている 2 箇所の AND ゲートは共通項である．

以上のように P.164 の仕様を回路化することができる．しかし，状態のコード割り振りによって回路が変わるため，これが唯一の解というわけではない．

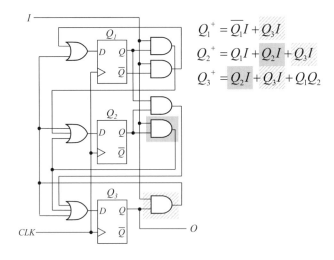

図 13.15 設計した回路図

[13章のまとめ]

この章では，以下のことを学びました．

- フリップフロップを用いた順序回路として，レジスタおよびシフトレジスタの構成．
- カウンタ回路はフィルド・コード・カウンタとアンフィルド・コード・カウンタがあり，前者は完全指定順序回路だが，後者は不完全指定順序回路．
- カウンタ回路として，バイナリカウンタ，グレイコードカウンタ，リングカウンタ，ジョンソンカウンタ，線形帰還シフトレジスタ(LFSR)の構成．
- 順序回路の設計手順は，(1) 仕様の理解，(2) 状態遷移図の作成，(3) 状態の最適化，(4) コード割り当てと状態遷移表の作成，(5) 状態遷移関数および出力関数の導出，(6) 回路化である．

順序回路の設計は，組合せ回路の設計に比べて手順が多く不確定な要素も含まれます．さらに，大規模な順序回路を手で設計することは，手間も時間も掛かり大変です．そこで考え出されたのが「言語」を用いた設計法です．ここでいう言語は日本語のような人間同士の意思疎通に用いる言語ではなく，プログラミング言語に近いハードウェア記述言語です．次章ではこのハードウェア記述言語を用いた回路設計を学びます．

13章 演習問題

[A. 基本問題]

問 13.1 2ビットバイナリダウンカウンタを設計しなさい．

問 13.2 3ビットグレイコードダウンカウンタを設計しなさい．

[B. 応用問題]

問 13.3 下図に示す状態遷移図で表される順序回路（ミーリマシン）を D-FF を用いて設計し，その回路図を示しなさい．ただし，入力信号を I，出力信号を O とする．

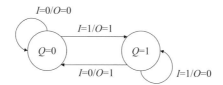

問 13.4 1桁 $((q_2q_1q_0)_2)$ の2進化5進数のダウンカウンタを設計しなさい．このカウンタは5進数の1桁を表し，クロックの入力にしたがって，$0 \to 4 \to 3 \to 2 \to 1 \to 0$ のように動作する．また，この5つの数は2進数で次のように表現される。000(0), 001(1), 010(2), 011(3), 100(4) である．

[C. 発展問題]

問 13.5 表 13.1 とは異なるコード割り当てを行うと回路がどのようになるか検討しなさい．

問 13.6 4B5B方式のパラレル−シリアル変換器 (SERializer) を設計しなさい．4B5B方式とは，以下の表の通りに4ビットのパラレルデータを5ビットのシリアルデータに変換する方式である．

16進数	4B	5B	16進数	4B	5B
0	0000	11110	8	1000	10010
1	0001	01001	9	1001	10011
2	0010	10100	A	1010	10110
3	0011	10101	B	1011	10111
4	0100	01010	C	1100	11010
5	0101	01011	D	1101	11011
6	0110	01110	E	1110	11100
7	0111	01111	F	1111	11101

入力信号はパラレルデータ $D[0:3]$，イネーブル信号 E，クロック信号 CLK とする．また，$D[0]$ が最上位ビットである．イネーブル信号 E は，$E=1$ のときにパラレルデータを取り込み，$E=0$ のときにシリアルでデータを転送するものとする．転送は最下位ビットから行われる．また，出力信号は Q とする．動作タイミングの例を以下に示す．

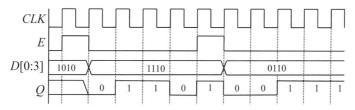

13章　演習問題解答

[A. 基本問題]

問 13.1 略解

問 13.2 略解

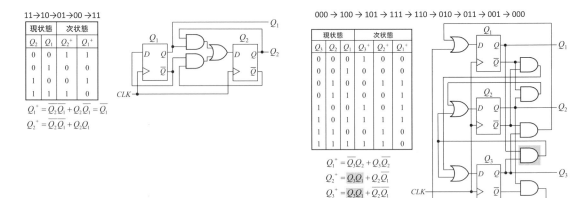

[B. 応用問題]

問 13.3 略解

問 13.4 略解

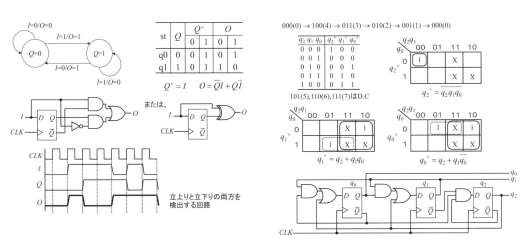

[C. 発展問題]

問 13.5 略解

たとえば，各状態間の遷移がほぼハミング距離1になるように（このケースでは完全にハミング距離1にはできない）状態を $S_0 = (0,0,0), S_1 = (0,0,1), S_2 = (0,1,0), S_3 = (1,1,0), S_4 = (1,0,0)$ と割り当てた場合を考える．この場合，ドントケアは，$D.C. = (0,1,1),(1,0,1),(1,1,1)$ である．
状態遷移表を作成し，展開特性表から簡単化して Q_1, Q_2, Q_3 の特性方程式を求めると（導出課程省略），

$$Q_1^+ = \overline{Q_1}\,\overline{Q_2}\,\overline{Q_3}\,I$$
$$Q_2^+ = Q_1\,I + Q_2\,I + Q_3\,I$$
$$Q_3^+ = Q_1\,Q_2 + Q_1\,I + Q_2\,I$$

となる．しかし，P.168 図 13.15 の結果より共通項が減少するため，結果的に大きくなってしまう．このよ

うに，コード割り当ての結果がどのようになるかは予測できない．

問 13.6 略解

まず，5B コード $(F_0F_1F_2F_3F_4)$ は，表より次のように求めることができる．

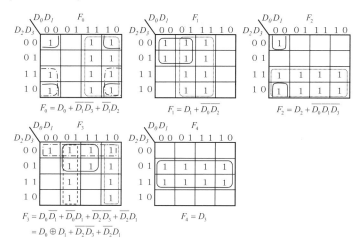

次に，シフトレジスタの各フリップフロップの入力に 2 to 1 MUX を追加し，E 信号が 1 のとき F_0, F_1, F_2, F_3, F_4 をフリップフロップへ取り込み，0 のときはシフト動作するように変更する．
以上より，回路を構成すると下図のようになる．

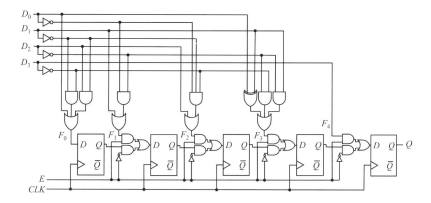

14章　順序回路の設計2
——ハードウェア記述言語と論理合成——

[ねらい]

　これまでに順序回路の設計法を学び，フリップフロップやカウンタなどの具体的な回路もみてきました．しかし，大規模な回路を設計しようとすると手間も時間もかかり大変です．世の中のディジタル機器を設計するにもどうも心許ない感じです．

　現代のディジタル回路の設計法は，これまでに学んだ手設計とは異なりコンピュータを駆使した設計法です．人手による設計より何百倍，何千倍もの大規模の回路を設計しなければならないからです．では，コンピュータに何をやらせているのでしょうか？それは，これまで学んできた方法をアルゴリズム化しプログラムによって実行しているに過ぎません．もちろん，コンピュータならではの工夫やアイディアを盛り込んでいるのですが，基本は変わらないのです．

　コンピュータによって煩雑な処理を高速に行ってくれるようになりました．そのとき，人間の設計者は何をすればいいのでしょうか？ここではコンピュータの使用を前提とした設計法を学びます．

[事前学習]

　本章はこれまでの論理設計とまったく異なる手法について説明しています．これを事前学習ですべて理解することは，きわめて難しいと思いますので，まずは一通り読んで疑問点をまとめるようにしてください．この章の内容は実際にやってみないと実感できないと思います．

[この章の項目]

ハードウェア記述言語，RTL，論理合成，Verilog HDL

14.1 大規模論理回路の設計手法

前章までの説明で順序回路の設計方法や実用的な回路の構成を学んできた．これでいかなるディジタル回路も設計できるかと問われれば，できるが問題もあるとなる．その問題とは設計にかかる時間である．設計する回路の規模が増大すると，機能は格段に複雑化する．無限の時間を使えばいつか完成することもできるが，現実には有限の期間内に設計を完了しなければならない．つまり，人手で設計していたら事実上実現できないのである．

では，どうするか？

答えはコンピュータを利用して設計生産性を上げる必要がある．これを CAE とか CAD という．特にディジタル回路の設計では EDA とか DA という呼び名も使われる．これらはすでに確立した設計技術をコンピュータ上で自動化し，人間はもっと高度な作業に専念するというやり方である．たとえば，7 章ではクワイン・マクラスキ法というアルゴリズムを用いて 2 段論理最小化を行ったが，これは人手で行うよりコンピュータを用いたほうが正確かつ大規模なものまで実行できる．このようなアルゴリズムは設計の各段階でみつかっており，それをまとめて EDA ツールとして利用するのである．

ここでは大規模な論理回路を設計する方法の概要を学ぶ．一般的な LSI 設計フローを図 14.1 に示す．

▶ [CAE, CAD, EDA, DA]
一般的にコンピュータを用いて設計や開発を行うことを CAE (Computer Aided Engineering) または CAD (キャド, computer aided design) という．これらは分野によらず共通に用いられる用語であり，機械設計では機械 CAD, 建築設計では建築 CAD というように識別する場合が多い．特に電子機器の設計自動化に対しては，電子系 CAD とは別に EDA (Electronic Design Automation) や DA (Design Automation) という言い方をする場合もあり，設計に使うツール類をまとめて EDA ツールなどという．

▶ [設計フロー]
この設計フローはやや古典的である．最新の設計フローはさらに進化しており，EDA ツールも高度化している．たとえば，方式設計部が自動化されており，動作合成を用いたアーキテクチャ探索になっていたり，論理合成とレイアウト設計が同時に実行されて，フィジカルシンセシスと呼ばれている．しかし，設計に必要な技術的な要素はすべてこのフローに含まれている．つまり，基本であることに変わりは無い．

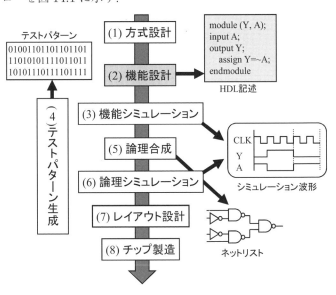

図 14.1 大規模論理回路の設計フロー

この設計フローのゴールは LSI の製造である．しかし，本書で扱うのは前半の設計の部分だけであるが，全体を理解するために各項目を順を追って説明する．

(1) 方式設計

方式設計は，開発する LSI に要求されている性能やインタフェースなどから LSI

の構成やアルゴリズムの決定，ハードウェアで実現する部分とソフトウェアで処理する部分とを分けることなどを行う．いわゆる，仕様を作成することで，ここでは紙と鉛筆で仕様書というドキュメントを作成することが出力になる．先端の設計方法では，ここもシステムレベル記述言語などを用いた言語設計手法が用いられるようになってきている．

(2) 機能設計

機能設計は，その名の通り仕様を基に機能を設計する．人手設計では状態遷移図を作成したり，データパスの構成を決める作業であり，ブロック図を作成する．EDA では，ハードウェア記述言語 (HDL) を用いて上述の作業をおこなう．HDL は，いわゆるプロセッサで処理するプログラム言語とは異なり，ハードウェアの並列性や時間概念を記述することができる言語である．本章ではこの後 HDL の基本記述を解説する．

▶[HDL]
　Hardware Description Language, ハードウェア記述言語．Verilog HDL, VHDL などが代表的なハードウェア記述言語である．

(3) 機能シミュレーション

機能シミュレーションは，HDL で記述した回路の動作を確認する作業である．次のテストパターン生成で作られた入力データと期待値データのセットを用いて，基本的にコンピュータ上で期待通りの動作をするかを確認する．

(4) テストパターン生成

テストパターン生成は，機能シミュレーション，論理シミュレーションで用いる入力データと期待値データをセットで作成する．作成されるデータは，設計仕様に基づいて，実現すべき全機能を網羅的にテストできるデータを作成しなければならない．

(5) 論理合成

論理合成は，機能設計で記述した抽象的な機能や動作を具体的なゲートやライブラリセルで表現する変換工程である．入力は HDL による機能記述，出力はネットリストである．クワイン・マクラスキ法を用いた論理の最適化などもこの工程で行う．現代の設計法において，本書で学んできた組合せ回路の最適化や順序回路の設計手法は，ほぼすべて論理合成ツールとして自動化されている．

(6) 論理シミュレーション

機能シミュレーションが HDL 記述を対象としていたのに対し，論理シミュレーションはネットリストを対象として回路の動作を確認する作業である．テストパターンは機能シミュレーションのものを流用することが多い．シミュレーションの実行速度は機能シミュレーションより 10 倍から 100 倍遅い．

▶[ネットリスト]
　Netlist. ゲートなどを配線で接続した回路図のこと．実際のネットリストは，テキストデータであり，ゲートやセルの入出力の接続先情報をリスト形式を用いてネットワーク構造を表現している．

(7) レイアウト設計

レイアウト設計は，検証済のネットリストから LSI に使われるフォトマスク（パターン原版）を作成する工程である．これはトランジスタや配線，抵抗などを階層的に何十層も幾何学的に配置していく．その他，LSI 製造が可能かどうかのチェックや製造される LSI の電気的な特性を測ったり，完成したレイアウトと元のネットリストが一致しているかどうかの検証も行う．

(8) チップ製造

チップ製造は，レイアウト設計から作られたフォトマスクを用いてシリコンウェハ上に写真感光，エッチング，イオン注入などの化学的処理で回路を焼き付ける．その後，ウェハ上のチップを切り離すダイシング，チップをリードフレームにボンディングし，パッケージに封入する．

　これらの工程の中で (1) の方式設計と (2) の機能設計が，いわゆる設計である．方式設計は論理回路の設計より高度な工程であるので，ここでは説明しない．本章では HDL を用いた機能設計の基本について解説する．

14.2　ハードウェア記述言語

　ここではハードウェア記述言語 (HDL) を用いた順序回路の設計方法を解説する．

　HDL には様々な種類が存在するが，本書では Verilog HDL を用いて説

▶[Verilog HDL]

ヴェリログ．1985 年に Gateway Design Automation 社（現 Cadence 社）によって開発された論理シミュレータ用記述言語である．その後，1990 年に OVI (Open Verilog International) が設立され，言語仕様が公開された．1995 年に IEEE Std. 1364-1995 として標準化され，さらに，システムレベルの設計に拡張された新しい IEEE Std. 1364-2001 が策定されている．現在では，SystemVerilog という Verilog のスーパーセットが IEEE 1364-2005 として標準化されている．最新リリースは，IEEE/IEC 62530:2011 である．

▶[VHDL]

1981 年に米国国防総省が LSI 納入業者の仕様記述のための言語として開発した．VHSIC (Very High Speed Integrated Circuit) プロジェクトの VHSIC Hardware Description Language の頭文字に由来する．1986 年に IEEE に標準化が提案され，1988 年に IEEE Std. 1076-1987 としてとして標準化された．現在，最新版は，2009 年に IEEE と IEC で同一規格 IEEE Std. 1076-2008 VHDL Language Reference Manual/IEC 61691-1-1:2011 Behavioural languages - Part 1-1: VHDL Language Reference Manual として発行されている．

▶[RTL]

Register Transfer Level. レジスタ転送レベル．ゲートレベルより抽象度が高く，フリップフロップの個数と役割が明示的に示され，組合せ回路とフリップフロップに分けられるレベル．フリップフロップも組合せ回路もブラックボックスとして詳細は省かれ，インターフェースと機能のみが記述される．

明する．Verilog HDL は実務で最も使われている HDL であり，商用の開発ツール類も豊富である．また，元々シミュレータ用言語であるので機能／論理シミュレーションの実行効率がよいとされている．VHDL でも本質的な差異は無い．

Verilog HDL は，

- C言語に似た文法
- シミュレーションの入力パターンや結果表示，期待値比較も一つの言語体系の中で記述できる
- ディジタルシステムを様々な抽象度でモデル化できる

という特徴がある．「様々な抽象度でモデル化」というのは，次のモデル化レベルでシミュレーションが可能であることを示している．

(1) ビヘイビア・レベル（動作レベル）
   H/W を意識しない動作をプログラミング的に記述するレベル．主として検証に使われる．
(2) レジスタ・トランスファ・レベル (RTL)
   回路内でのレジスタ間のデータの流れを記述するレベル．論理合成を前提とした順序回路の設計に用いられる．
(3) ゲート・レベル
   AND, OR, NOT 等の論理ゲートの接続（ネットリスト）が記述されるレベル．論理合成後に出力されるのは，このレベルの記述である．
(4) トランジスタ・レベル
   単方向／双方向トランジスタの接続が記述されるレベル．回路設計で使わることは少ない．

ここでは Verilog HDL の全機能や全文法を説明することはできないし，その必要性もない．順序回路の設計に必要な RTL の HDL 記述ができる範囲の文法と記述構成を説明する．

RTL 記述の基本形

論理合成で確実に動作する回路が得られることが分かっているのは同期回路のみである．非同期回路などは論理合成が困難である．また，論理合成を用いてクロックの分配回路のような「論理」ではない回路を生成することも難しい．つまり，論理合成可能な記述レベルは，組合せ回路とフリップフロップを明確にした RTL のみである．また，Verilog HDL の文法すべてが合成できるわけではない．

論理合成を前提とした Verilog HDL による回路記述の基本構造を図 14.2 に示す．module は Verilog HDL における最も基本的な構文要素であり，設計する回路をすべて module という単位で表現する．module の集合が回路全体であり，その内の 1 つがトップモジュールとして最上位階層になる．

各 module は他の module を呼び出すことができ，これをインスタンス呼び出しという．これを用いることで階層設計が可能となる．

module はモジュール名とポートリストをモジュール宣言部で明示し，endmodule までの間に機能を記述する．ポートリストは入出力信号の名前

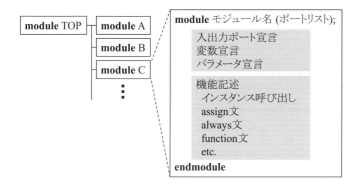

図 14.2　Verilog HDL の基本構造

を列挙する．その詳細は次のポート宣言部で記述する．ポートリスト内でポート宣言部の内容を記述することもできる．

変数宣言部，パラメータ宣言部は，モジュール内部で用いる変数とパラメータを宣言する．この変数は配線として実現される場合とフリップフロップになる場合があり，この時点では決められない．機能記述部の記述次第でどちらにもなり得る．もちろん，設計者はどの変数がフリップフロップで，どの変数が信号線か意識して記述しているはずであるが，論理合成ツールとの齟齬がないように機能を記述しなければならない．

機能記述部はこのモジュールの本体で他のモジュールの呼び出しや制御構造，組合せ回路の記述，フリップフロップの記述などからなる．タイミング制御を行うのもこの部分の記述による．

▶[論理合成を前提とした Verilog HDL の記述スタイル]
合成可能な記述スタイルや文法については文献 10) が詳しいので参照のこと．ただし，入門書では無いので注意が必要である．入門書としては，11),12) などがある．

▶[インスタンス呼び出し]
インスタンス呼び出しは，インスタンス化 (Instantiation)，実体化ともいい，定義されたモジュールを呼び出すことを示す．インスタンス (instance) とは実体≒部品として呼び出されたモジュールのこと．

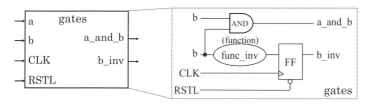

図 14.3　module の例

図 14.3 を例に module の構造について説明する．このモジュールは gates という名前で，インタフェースとして a,b,CLK,RSTL という入力と，a_and_b と b_inv という出力を持つ．中の構成は図の右に示すように，AND ゲートと function func_inv とフリップフロップからなる．ここで AND ゲートはライブラリ（他のモジュール）を呼び出すものとする．さて，このモジュールを Verilog HDL で記述すると，図 14.4 のようになる．AND ゲートはインスタンス呼び出しである．AND という module を i0 という名前で実体化（インスタンス化）している．仮に複数の AND module を呼び出したいときは，このインスタンス名を変更することで複数個呼び出すことが可能である．function は，論理合成で組合せ回路が生成されることが保証されているため，フリップフロップの記述と共に用いることで順序回

▶[リスト内で宣言することも …]
この記述方法は，初期の Verilog HDL の仕様では許されていなかったが，Verilog HDL 2001 以降は仕様に盛り込まれた．

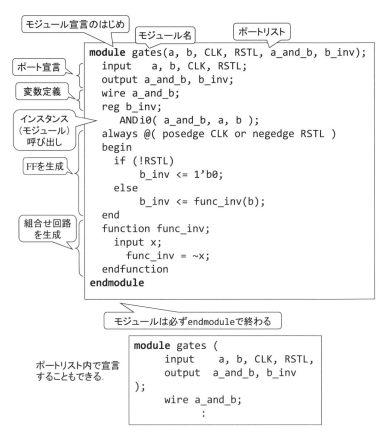

図 14.4 module の記述例

路を作ることができる．always 文は，ここではフリップフロップを生成するためのイベント制御構造を記述している．これらの各構文の詳細については次で説明する．

論理合成向け Verilog HDL の文法

論理合成向きの RTL 記述で用いられる構文の概要を説明する．すべての文法を説明することはできないので，適宜，先にあげた参考文献等（P.177 の側注）を参照されたい．

`module / endmodule`

この範囲が一つの回路モジュールとなる．モジュールの集合によって回路全体が記述される．

```
module XXX (AAA, BBB, CCC);
  :
endmodule
```

`begin / end`

汎用のブロック指定構文．if 文 always 文等の有効範囲を指定する．

14.2 ハードウェア記述言語 *179*

```
always @(AAA or BBB)
begin
 :
end
```

input / output / inout

入力端子, 出力端子, 入出力端子の定義でモジュールの最初に記述する. ビットレンジは [XX:YY] で指定する.

```
input AAA;
input [31:0] BBB;
output CCC;
inout DDD;
```

wire / reg / integer

wire は値を保持しない変数で, 継続的代入文を使用して代入する. reg は値を保持する変数で, 手続き的代入文を使用して代入する. wire 変数は論理合成時には配線になるが, reg 変数は合成時には配線になるかレジスタになるかは記述による. integer は for-loop 等で使用する整数変数だが, 論理合成を前提とした記述では極力使わない方がよい.

```
wire AAA;
reg BBB;
integer i;
```

▶[integer 変数]
整数の長さはデフォルトは32 ビット. integer 変数を論理合成で推奨しないのは, 合成処理系によって結果が異なる可能性があるためである.

parameter / define

parameter は定数を表す. parameter を用いることで可読性, 汎用性の高い記述ができる. 有効範囲はモジュール内である. define は定数を表す (コンパイル指示子). define も parameter と同様に可読性, 汎用性がよくなるが, デザイン全体で有効 (モジュール単位で論理合成する場合は注意が必要) である. また, define 文は, 前に' (シングルクォート) ではなく, ' (バッククォート) をつける. 間違いやすいので注意が必要である.

```
'define SIZE 4
module padder(a, b, c);
parameter TRUE=1, FALSE=0;
input ['SIZE-1:0]a, b;
output ['SIZE-1:0]c:
 :
endmodule
```

assign

継続的代入構文. シミュレーション上はイベントを伴わずタイムユニット毎に式が評価される. wire 宣言された変数に値を代入する.

```
wire AAA;
reg BBB;
assign AAA = ~BBB;
```

always

シミュレーションにおいてイベント式にあるイベントが発生するたび
に実行されるブロック．書式は，"always @（イベント式）"と書く．
論理合成後にどのような回路になるかは，イベント式の内容による．

```
always @(posedge CLK or negedge RSTL) // FF を生成
begin
 :
end
/* イベント式（センシビリティ・リスト）にこのブロックで参照されるす
べての変数が出ていれば組合せ回路を生成 */
always @ (AAA or BBB)
begin
 :
end
```

手続き的代入文

ブロッキング代入文 (=) とノンブロッキング代入文 (<=) の2種類があ
る．FF を合成する場合はノンブロッキング代入文を使用する．

```
reg AAA, BBB;
always @(BBB) // 組合せ回路を生成
begin
  AAA = ~BBB; // ブロッキング代入文
end
always @(posedge CLK or negedge RSTL) // FF を生成
begin
  if(RSTL == 0)
    BBB <= 1'b0; // ノンブロッキング代入文
  else
    BBB <= CCC; // ノンブロッキング代入文
end
```

if else

条件判断文．書式は，"if（条件式）else ..."．

```
if(!RSTL)
 :
else if(AAA >= 0)
 :
else
 :
```

case / endcase

条件判断文．書式は，"case（式）... endcase"．下の例では，din の値

$(0,1,2,3)$ によって dec に代入する値が異なっている. また, default
は条件以外の場合の処理内容である.

```
case ( din ) // デコーダ
  0: dec = 4'b0001;
  1: dec = 4'b0010;
  2: dec = 4'b0100;
  3: dec = 4'b1000;
  default: dec = 4'bxxxx;
endcase
```

for / while

繰返し処理構文. 書式は, "for (変数定義; 条件式; 変移) ······".
"while (条件式) ······". 論理合成を前提とした記述ではあまり使わ
ない.

```
integer i;
for ( i=0; i < 8; i=i+1 )
    c[i] = a[i] & b[i];
while(AAA<256)
begin
 :
end
```

function

関数定義構文. 論理合成後は組合せ回路になる.

```
function [1:0] func_XXX;
  input AAA;
  func_XXX = {1'b0, ~AAA} + 2'b01;
endfunction
```

オペレータ (演算子)

オペレータ (演算子) は, プログラミング言語とは異なりビット演算や
リダクション演算, 連接演算のようにデータのビット毎の演算を持つ.

```
加算 (+), 減算 (-), 乗算 (*), 除算 (/), 剰余算 (%),
ビット演算 (~(not), &(and), |(or), ^(xor), ~^または^~(xnor)),

論理演算 (&&(and), ||(or), !(not)),
シフト演算 (<<, >>), 比較演算 (<, <=, >, >=),
論理等号演算 (!=, ==), ケース等号演算 (!==, ===),
リダクション演算 (&, | ~&, ~|, ^, ~^, ~^),
連接演算 ({}), 条件演算 (?:)
```

▶[リダクション演算子]
　単項演算子. 複数ビットで
宣言された変数に対し, その
変数のビット間の演算を行う.

▶[連接演算子]
　複数の変数を連結する. そ
のとき, 複製も可能である.
たとえば, 16 ビットの信号
b の MSB を 32 ビットの
信号 a にサイン拡張する場
合, MSB だけを複製して連
結すればよい. 例) assign a
= {{16{b[15]}}, b};

その他

"//" は以降がコメント, "/*" から "*/" の間がコメントになる.

```
コメント (//, /* .. */)
```

オペレータには優先順位がついている．表 14.1 に一覧を示す．しかし，優先順位で悩むより括弧を用いて演算の順序を明確にする方がよい．

表 **14.1** オペレータの優先順位

	演算タイプ	演算子	備考
高	ビットセレクト, パートセレクト	[ ]	
	括弧	( )	
	論理否定, ビット反転	! ~	
	リダクション演算	& | ~& ~| ^ ~^ ^~	全ビットの演算, 結果は1ビット
	連接演算子	{ }	複数信号のベクタ化に使用
	乗算, 除算, 剰余	* / %	大きな回路になるので注意
優先順位	加算, 減算	+ −	
	シフト演算	<< >>	大きな回路になるので注意
	比較演算	< <= > >=	
	等号, 不等号	== != === !==	
	ビット論理積	&	
	ビット排他的論理和	^ ^~ ~^	
	ビット論理和	|	
	論理積	&&	
	論理和	||	
低	条件演算	? :	右から左へ評価

算術演算子によって何が合成されるかや，リダクション演算子や連接演算子など特異なオペレータについてまとめると以下のようになる．

```
・算術演算子
parameter size=8;
wire [3:0] a, b, c, d, e;
assign c = size + 4'h2; // 定数＋定数：回路にならない（定数）
assign d = a + 4'h1; // 変数＋定数：インクリメンタが合成される
assign e = a + b; // 変数＋変数：加算器が合成される
・リダクション演算子
wire a, b;
wire [3:0] c, d;
assign a = &c; // a = c[0] & c[1] & c[2] & c[3]
assign b = ^d; // b = d[0] ^ d[1] ^ d[2] ^ d[3]
・連接演算子
wire a, b, c, d;
wire [3:0] e;
wire [15:0] f;
assign e = {a,b,c,d}; // e[3]=a, e[2]=b, e[1]=c, e[0]=d
assign f = {1'b1,{15{1'b0}}}; // f=16'b10000000_00000000
```

このように Verilog HDL にはハードウェアを強く意識した構文やオペレータが用意されている．

14.3 RTL 記述と論理合成

HDL を用いて回路設計をするということは，どのような記述が論理合成ツールによってどのような回路に変換されるかを知らなければ設計できない．ここでは，具体的な回路に対応する HDL 記述をみて行く．

14.3 RTL 記述と論理合成　　*183*

組合せ回路の記述

はじめに組合せ回路の記述について説明する.

組合せ回路を生成する記述は, (1)funtion 文, (2)always 文, (3)assign 文のいずれかを用いて記述する. それぞれの記述の特徴と注意点を表 14.2 にまとめる.

表 14.2 組合せ回路の記述方法の特徴

	(1) function 文	(2) always 文	(3) assign 文
長所	組み合せ回路が生成されることを保証	記述が容易（記述量が少ない）	組み合せ回路が生成されることを保証
短所	複数の出力を持つ回路が記述しにくい	意図しないラッチを生成する危険性有り	複雑な回路を記述しにくい
備考	モジュール内の変数が参照できるので, 使用されている変数が入力として宣言されているか確認	不完全なif 文（対応するelse 文の無いif 文）やdefault の無いcase 文を記述しない. また, センシビリティ・リストを十分にチェックする	reg などに値を割り当てることはできない. 可読性が落ちるので使用法には配慮が必要

▶[センシビリティ・リスト]
　Sensitivity List. always 文中のイベントトリガを指示する@記号の後の () 内に書かれる信号リストのこと. この信号リストのうちの一つでも変化した場合にこの always 文が評価される. 最新の Verilog HDL の仕様では, ''always @(*)'' や ''always @*'' のようにセンシビリティ・リストを省略する書き方も可能になった. ただし, 論理合成を前提とした記述では, 省略できるのは組み合わせ回路を合成する場合に限られる.

では, つぎに具体的な記述例で各構文の違いをみて行く.

(1) function 文による組合せ回路

function は module 内で定義し, assign 文からも always の中でも呼び出せる. 以下の例は, 任意のビット幅に対応可能なインクリメンタの function 記述例である.

functionの呼び出し例(1)
```
wire [3:0] y;
assign  y  =  inc( b );
```

functionの呼び出し例(2)
```
reg [3:0] y;
always @(posedge clk)
   y  <=  inc ( c );
```

```
parameter width = 4;
function [width-1:0] inc;
input [width-1:0] a;
reg c;
integer i;
begin
    c = 1'b1;
    for (i=0; i<width; i=i+1)
    begin
        inc[i] = c ^ a[i];
        c = c & a[i];
    end
end
endfunction
```

図 14.5 function 文による組合せ回路の例

(2) always 文による組合せ回路

always を用いた組合せ回路は, ラッチやフリップフロップが生成されないようにセンシビリティ・リスト内に入力に使われる信号（代入文の右辺や条件式に使われる信号）をすべて列挙する. ''always @(*)'' のように省略形で書くことができるようになった. これによりセンシビリティ・リスト抜けによるラッチの生成という問題が軽減されている. 以下の例は, データが16 ビット幅の 4to1 セレクタ記述例である.

```
always @( a or b or c or d or s ) begin
  case( s )
    2'b00 : y = a;
    2'b01 : y = b;
    2'b10 : y = c;
    2'b11 : y = d;
    default : y = 16'hxxxx;
  endcase
end
```

ここにalways内で参照される信号(代入文の右辺や条件式)をすべて列挙する

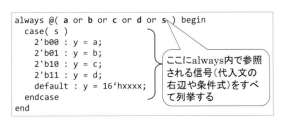

図 **14.6**　always 文による組合せ回路の例

(3) assign 文による組合せ回路

assign 文による組合せ回路は，条件演算子やビット演算子を用いて回路を構成するが，可読性が悪いので基本的には使用しない．ただし，マスク処理のように簡単なものはよく使われる．以下の例は，データが 16 ビット幅の 4to1 セレクタ記述例（悪い例）とマスク処理の記述例（良い例）である．

データが16ビット幅の4to1セレクタ記述例（悪い例）

```
wire [15:0] y;
assign
y=(s==2'b00)?a:(s==2'b01)?b:(s==2'b10)?c:(s==2'b11)?d:16'hxxxx;
```

マスク処理の記述例（良い例）

```
reg [15:0] mask;
wire [15:0] in_data;
wire [15:0] out_data;
assign out_data= in_data & mask;
```

図 **14.7**　assign 文による組合せ回路の例

順序回路の記述

順序回路は，フリップフロップが生成される always 文を用いて記述する．図 14.8 の例では，一見同じような記述でもセンシビリティ・リスト内に入力に使われる信号がすべて列挙されている (1) は組合せ回路になり，入力とは関係ないクロック信号 (clk) のみがセンシビリティ・リストに書か

(1) FFにならない例（組合せ回路）

```
reg     c;
always @( a or b )
begin
        c = a & b;
end
```

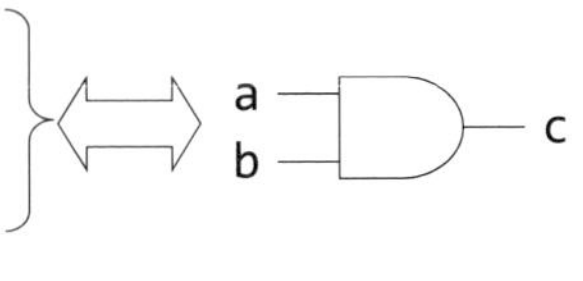

(2) FFになる例（順序回路）

```
reg     c;
always @( posedge clk )
begin
        c <= a & b;
end
```

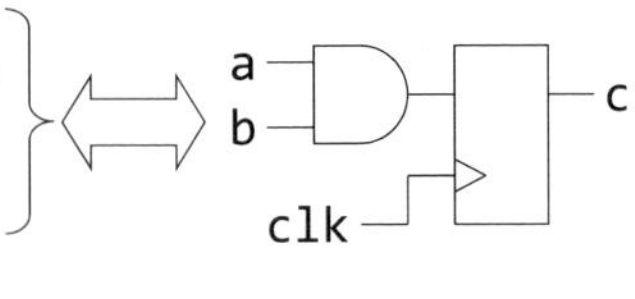

図 **14.8**　always 内のセンシビリティ・リストの違い

れている (2) はフリップフロップが生成される．

また，always 文で使うことができる代入文は，ブロッキング代入文 (=) とノンブロッキング代入文 (<=) の 2 種類があるが，順序回路では基本的にノンブロッキング代入文を用いる．これらの違いは，シミュレーション時に変数の評価順番が異なっている点である．図 14.9 にブロッキング代入文 (=) とノンブロッキング代入文 (<=) の違いを示す．コード上の薄い矢印はシミュレーション時の変数の評価順番を示しており，ブロッキング代入文は 1 文ずつ解釈するため data は reg1 に代入されるだけではなく reg2 にも代入されたことになる（reg1 の値が更新するため）．それに対して，ノンブロッキング代入文は右辺の評価と左辺の評価が順番に行われるため，data は reg1 に代入されると同時に reg1 の値が reg2 に代入される．つまり，シフトレジスタが構成される．

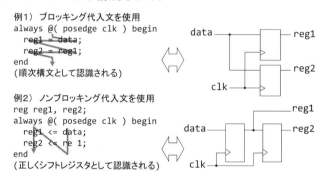

図 14.9 ブロッキング代入文とノンブロッキング代入文の違い

このような違いは，Verilog HDL のシミュレーション動作にあわせて論理合成ツールが回路化したからである．そのため，処理系によっては異なる論理合成結果を得ることもあることを意識しておくことが大事である．

[14 章のまとめ]

この章では，以下のことを学びました．

- 大規模論理回路の設計では，(1) 方式設計，(2) 機能設計，(3) 機能シミュレーション，(4) テストパターン生成，(5) 論理合成，(6) 論理シミュレーション，(7) レイアウト設計などがある．
- HDL による回路設計は同期設計で，レジスタ転送レベルの記述が基本．すなわち，組合せ回路とフリップフロップを明確に分離して記述する必要がある．
- HDL 記述による回路設計は，プログラム言語によるソフトウェアの設計と異なり，並列動作を信号の変化をトリガとする記述で表現する．
- Verilog HDL は module の集合で回路を構成する．
- module から他の module を呼び出すことをインスタンス化という．
- Verilog HDL の構文のすべてが論理合成できるわけではない．

このように Verilog HDL を用いた論理回路設計は，文法を覚えるだけではできません．どのような記述がどのような回路を生成するかを把握しないと意図通りの設計ができません．しかし，これでは論理合成ツールが変わるたびに一から出直しです．そこで最終章は，論理合成可能な RTL 記述の典型的なデザインパターンを学びます．論理合成ツールに依存しない基本記述スタイルです．

14章　演習問題

[A. 基本問題]

問 14.1　ハードウェア記述言語が扱うことができるモデルの抽象度レベルを述べなさい．

問 14.2　RTL とはどのようなレベルか簡潔に説明しなさい．

[B. 応用問題]

問 14.3　次の組合せ回路を Verilog HDL の assign 文，always 文，function 文を用いて記述しなさい．

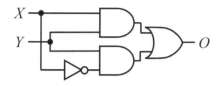

問 14.4　上記の assign 文と function 文を回路を Verilog HDL のモジュール名 SEL として完成させなさい．

問 14.5　以下のブロック図に示す 4 ビット加算器を Verilog HDL のモジュール ADD として記述しなさい．

[C. 発展問題]

問 14.6　問 13.6 の 4B5B パラレル–シリアル変換器を Verilog HDL の RTL 記述で書きなさい．

188　14 章　順序回路の設計 2

14 章　演習問題解答

[A. 基本問題]

問 14.1 解答

ビヘイビア・レベル（動作レベル），レジスタ・トランスファ・レベル (RTL)，ゲート・レベル，トランジスタ・レベルの 4 種類．

問 14.2 解答

ビヘイビア・レベルより抽象度は低く，ゲートレベルより抽象度が高く，組合せ回路とフリップフロップが明示的に分けられるレベル．

[B. 応用問題]

問 14.3 解答

assign 文：

```
wire O;
assign O = X & Y | ~X & Y;
```

function 文：

```
function func_O;
  input X, Y;
  func_O = X & Y | ~X & Y;
endfunction
```

always 文：

```
reg O;
always @(X or Y)
begin
 O = X & Y | ~X & Y;
end
```

問 14.4 解答例

```
module SEL(X, Y, O);
input X;
input Y;
output O;
wire O;
assign O = X & Y | ~X & Y;
endmodule
```

```
module SEL(X, Y, O);
input X;
input Y;
output O;
wire O;
assign O = func_O(X, Y);
function func_O;
  input X, Y;
  func_O = X & Y | ~X & Y;
endfunction
endmodule
```

問 14.5 解答例

```
module ADD(X, Y, Z, C);
input [3:0] X, Y;
output [3:0] Z;
output C;
wire [3:0] Z;
wire C;
assign {C, Z} = X + Y;
endmodule
```

[C. 発展問題]

問 14.6 解答例

```verilog
module SERializer(CLK, E, D, Q);
input CLK;
input E;
input [0:3] D;
output Q;

reg [0:4] PD;
wire Q;

assign Q = PD[4];

always @(posedge CLK)
begin
  if( E )
    PD <= func_conv(D);
  else
    PD <= {PD[0], PD[0:3]};
end

function [0:4] func_conv;
input [0:3] D;
  case ( D ) // エンコーダ
    4'b0000: func_conv = 5'b11110;
    4'b0001: func_conv = 5'b01001;
    4'b0010: func_conv = 5'b10100;
    4'b0011: func_conv = 5'b10101;
    4'b0100: func_conv = 5'b01010;
    4'b0101: func_conv = 5'b01011;
    4'b0110: func_conv = 5'b01110;
    4'b0111: func_conv = 5'b01111;
    4'b1000: func_conv = 5'b10010;
    4'b1001: func_conv = 5'b10011;
    4'b1010: func_conv = 5'b10110;
    4'b1011: func_conv = 5'b10111;
    4'b1100: func_conv = 5'b11010;
    4'b1101: func_conv = 5'b11011;
    4'b1110: func_conv = 5'b11100;
    4'b1111: func_conv = 5'b11101;
    default: func_conv = 5'bxxxxx;
  endcase
endfunction

endmodule
```

15章　順序回路の設計3
—— デザインパターン ——

[ねらい]

いよいよ本書も最終章を迎えます．この章も引き続きハードウェア記述言語による大規模論理回路の設計です．

前章では設計フローと Verilog HDL の記述方法の基礎を学びました．RTL 設計のアウトラインは理解できたのではないかと思います．後は実践を通して技術を磨いていただければよいのですが，それもなかなか大変です．何が難しいかを考えると，やはり，自分の書いたコードがどんな回路に論理合成されるのか分からないからではないかと思います．ここでは定番の回路がどのような HDL 記述になるかを解説します．これはいわゆるデザインパターンと呼ばれるものです．本章では，典型的な回路のデザインパターンを学びます．

[事前学習]

本章もかなり専門的な内容に踏み込んでいます．前章と同じく，事前学習では一通り目を通して疑問点を洗い出すようにしてください．

[この章の項目]

デザインパターン，単相同期設計

15.1 基本記述スタイル

ここでは論理合成を前提とした Verilog HDL の基本的な記述スタイルを説明する．この内容は本書が書かれた時点での情報であるから，将来に渡ってその内容を保証するものではない．今後，論理合成ツールや他の EDA ツールの発展によって，本書の内容が適切ではなくなることもありうる点を留意願いたい．

クロックについて

現時点の論理合成ツールでは，クロック信号は回路の制御における最重要信号である．また，実際の LSI においても特別な信号であるので，慎重に設計しなければならない．前にも説明したが，論理合成によって確実に動作する回路を生成しようとするなら，単相同期設計の RTL 記述が望ましい．図 15.1 に示したように，複数のクロック信号を使用するとどうしても異なるクロック間のデータ転送が発生し，これは非同期回路と同じことが起こる．つまり，タイミングの制御が極めて難しくなるのである．

▶[単相同期設計]
　単相とはクロック信号が 1 種類であること．同期設計はその 1 種類のクロック信号によってすべてのフリップフロップが駆動されることを意味する．単相同期設計が推奨されるのには様々な理由があるが，静的な遅延解析を効率良く行うためというのが最も大きな理由である．

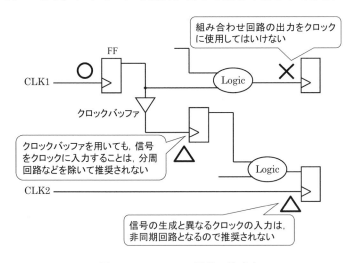

図 15.1　クロック信号の注意点

また，同じクロックを用いた回路であっても，フリップフロップの出力をクロック信号として使用することも推奨できない．これは分周回路を簡単に設計できる方法ではあるが，面倒でもカウンタなどでイネーブル信号を生成し，それを用いて回路動作を制御する方法が望ましい．

クロック信号を加工，すなわち論理ゲートで演算することはかなり危険である．組合せ回路の入力にクロック信号を用いると，それをデータとして使用する場合もクロック信号として使用する場合もどちらも正しく動作する回路を生成することは難しい．そのため，設計スタイルで禁止されることが多い．

では，クロック・ゲーティングなどはどのように記述すればいいのかと

いう疑問が残る．その答えは，クロック・ゲーティングは HDL で記述せず論理合成ツールによって作るのである．この方法は EDA ツール依存になるので本来は望ましいことではないが，設計者が知りえない事項が多すぎて設計できないため，現時点ではツールによる自動生成が最良である．たとえば，米国 Synopsys 社の Power Compiler は，下記のようなフリップフロップを生成する記述（この記述は EN 信号によって FF の代入を制御する）から自動的にゲーテッド・クロック回路を生成する．

```
always @(posedge CLK or negedge RSTL)
begin
 if (!RSTL)
   Q <= 1'b0;
 else if (EN)
   Q <= DI;
end
```

このように，クロック信号はその扱いによっては様々な影響が出る特別な信号である．それゆえに，RTL 記述上は，上記の例のようにフリップフロップのタイミングを制御する信号としてのみ使用する方が安全である．すなわち，Verilog HDL 上の記述では，always 文のセンシビリティ・リスト内だけで使用することになる．

リセットについて

　リセット信号は，クロック信号と同様に LSI の重要な制御信号である．設計する回路を初期状態に戻すために用いられる．

　リセット信号はフリップフロップの値を初期値にセットするための信号であるが，一般的に LSI の外部から入力される非同期信号である．この非同期信号を用いて回路を初期化する方式には，同期式リセットと非同期式リセットの 2 種類がある．

　同期式リセットは LSI 内部でクロックを用いて同期化したリセット信号を生成し，それを用いてフリップフロップに初期値を書き込む．非同期式リセットは，外部から入力されたクロックに同期していない信号をフリップフロップのリセット端子に直接入力するか，同期化したリセット信号をリセット端子に入力する（図 15.2）．

　では，この二つのリセット方式をどのように使い分ければよいのか．電源投入時の初期リセットや緊急時のエマージェンシーリセットなど論理的な動作で初期化できない場合には非同期リセット用いる．動作中の状態の初期化などは同期リセットを用いるのが好ましい．つまり，システムとしては複数系統のリセットを持ち，非同期リセットと同期リセットを使い分けるのである．このとき注意したいのは，同じリセット信号で同期リセットと非同期リセットを混在させない点である．

▶[クロック・ゲーティング]
　クロック信号を動作する必要のない時に停止して，回路全体の消費電力を削減する手法．

▶[同期リセットと非同期リセット]
　同期リセットと非同期リセットのどちらも異なる問題がある．一般的に非同期リセットはメタステーブル問題が発生する可能性があり，同期リセットは回路リソースが増大するという問題がある．また，様々な理由からリセットをしないという選択肢もある．必要ないところでは，リセットをしないフリーランのフリップフロップを積極的に使う方が，性能が上がるという考え方である．

▶[メタステーブル]
　フリップフロップのセットアップ時間やホールド時間に違反してデータが書き込まれた場合（データ変化を禁止している期間の書き込み），出力が不安定になる状態．完全同期設計ではノイズなどの影響がなければ一般的に発生しないが，非同期信号が回路に入力される場合には発生する場合がある．

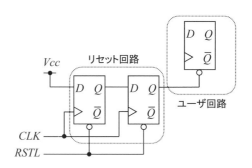

図 15.2　同期化したリセット信号

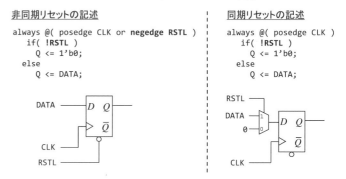

図 15.3　リセットの記述例

　図 15.3 に典型的なリセット回路の Verilog HDL による記述例を示す．非同期リセットは always 文のセンシビリティ・リスト内にリセット信号 (RSTL) が書かれるため，クロックの変化と無関係にこのリセット信号の変化でも動作する．一方，同期リセットはリセット信号がセンシビリティ・リスト内にないため，クロックの変化時リセット信号が評価され，値が 0 ならフリップフロップの D 入力が 0 になる．

▶[RSTL 信号]
　リセット信号は負論理（P.57 の側注参照のこと）で用いられることが多い．そのため，正論理の信号と区別するために末尾に L がついている．

15.2　デザインパターン

　新規に回路を設計する場合でも，そこに使われる多くの部品はある程度決まった記述スタイルから合成される．その回路と記述の組合せをデザインパターンとしてまとめておけば有用である．

　本章ではこれまで組合せ回路として設計してきた回路を含め，よく使われるデザインパターンを HDL 記述と論理合成された回路とを対照して説明する．

演算器

　論理合成を前提とした RTL 記述において，演算器をどのように記述すればよいかは，じつは単純な話ではない．ターゲットデバイスや設計ライブラリ，回路規模や動作速度などの性能によってベストな記述方法は異なる．

　大別して次の 3 つのケースが考えられる．

(1) 演算幅が小さく単純な加算器や減算器

(2) 回路の中核をなす重要な演算器

(3) アルゴリズムが指定されている演算器

(1) のケースは，論理合成に任せて設計するのが得策である．これはアルゴリズムを指定して設計するほど重要でもなく，全体に占める回路規模も小さいのなら，将来の移植性を優先して下記のように Verilog HDL の演算子で記述する．

```
module add_ex1(x, y, z, co);
input  [7:0] x, y;
output [7:0] z;
output co;

assign {co,z} = x + y;

endmodule
```

(2) のケースは，演算器の演算幅も大きく動作速度や実装面積なども重要になる場合である．この場合は，設計ライブラリから適切に使用する演算器を選定し，それを RTL 記述上から下記の例のようにインスタンス呼び出しを用いて記述する．ここで lib_CLA はライブラリで定義されたテクノロジ依存の回路である．したがって，この記述では移植性は失われる．

```
'define SIZE 32
module add_ex2(x, y, z, co);
input  ['SIZE-1:0] x, y;
output ['SIZE-1:0] z:
output co;

lib_CLA a0(x, y, x, co); // carry look-ahead adder

endmodule
```

(3) のケースは，アルゴリズムが設計ライブラリにはなく，論理合成で作成するには複雑すぎるという場合である．この場合は，別 module や function で記述することになるが，その場合でも半加算器や全加算器を用いて設計することはしない．設計ターゲットによっては演算器専用の合成ツールが用意されているケースもあるので，それを利用するのも一つの手段である．

マルチプレクサ（セレクタ）

マルチプレクサもいろいろなタイプがある．P.110 では簡単なマルチプレクサの例として 4 入力 1 出力の回路を示した．この例は，別名ビットセレクタといい，一般に 2 のべき乗ビットの入力信号の中から 1 ビットを選択して出力する．この回路は以下のように簡単に記述することができる．

```
module bitsel_mux1(x, sel, y);
input [3:0] x;
input [1:0] sel;
output y;

assign y = x[sel];

endmodule
```

しかし，いつもマルチプレクサは1ビットの信号を出力するわけではない．一般的には複数の複数ビットの信号を選択し，1本の複数ビットの信号を出力する．この場合は，以下に示すように function 文内で if-else 構文を用いて組合せ回路として記述する．

```
module multi_mux2(a, b, c, x);
input [7:0] a, b;
input c;
output [7:0] x;

assign x = func_mux(a, b, c);

 function [7:0] func_mux;
   input [7:0] A, B;
   input C;
     if ( C == 1'b0 )
        func_mux = A;
     else if ( C == 1'b1 )
        func_mux = B;
     else
        func_mux = 8'bxxxx_xxxx;
   endfunction
endmodule
```

コンパレータ（比較器）

コンパレータ（比較器）は，入力信号の大小を比較する回路である．基本的に Verilog HDL の関係演算子を用いて記述する．関係演算子の結果は真 (1) または偽 (0) となるので，比較が1種類なら下記のように書ける．

```
module comp1(x, y, r);
input [3:0] x, y;
output r;

assign r = (x > y);

endmodule
```

しかし，複数の関係を出力する場合は function 文などを用いて以下のように記述する．

```
module comp2(x, y, e, g, l);
input [3:0] x, y;
output e, g, l;

assign {e, g, l} = func_cmp ( x, y );

  function [2:0] func_cmp;
    input [7:0] A, B;
    begin
      if ( A == B )
          func_cmp[2] = 1' b1;
      else
          func_cmp[2] = 1' b0;
      if ( A > B )
          func_cmp[1] = 1' b1;
      else
          func_cmp[1] = 1' b0;
      if ( A < B )
          func_cmp[0] = 1' b1;
      else
          func_cmp[0] = 1' b0;
    end
  endfunction
endmodule
```

マスク

マスク処理とは，図 15.4 に示すように en 信号を 0 にすることで入力 X の値に無関係に出力 Y を強制的に 0 にする回路である．Verilog HDL で記述する場合，以下に示すようにビット演算子の&を用いる．しかし，1 ビットの en と複数ビットの x の論理積 (AND) は，en を x のビット幅だけ連接演算子を用いて複製する必要がある．assign y = x & en; のような記述では，en と論理積 (AND) されるのは x の最下位ビット，すなわち $x[0]$ のみになるので注意が必要である．

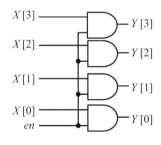

図 **15.4** マスク処理の例

```
module mask(x, en, y);
input [3:0] x;
input en:
output [3:0] y;

assign y = x & {4{en}};

endmodule
```

符号拡張

　符号拡張は，たとえば8ビットの符号つき2進数（一般的には2の補数表現）を32ビットの符号付2進数に拡張するときなどに用いる．2の補数表現の負の数は，符号だけ拡張するだけでビット幅を拡大することが可能であることから，以下の記述で符号拡張は実現できる．この例では最上位ビット（符号ビットの$x[7]$）は連接演算子を用いて24ビット複製されて，さらに連接演算子を用いて元のxと接続して32ビットデータを得ている．

```
module sing_ext(x, y);
input [7:0] x;
output [31:0] y;

assign y = {{24{x[7]}}, x};

endmodule
```

パリティジェネレータ

　パリティジェネレータは，P.113で述べた通り誤り検出符号を生成する回路である．回路構造は，偶数 (even) パリティならすべてのビットを排他的論理和 (XOR) をとり，奇数 (odd) パリティならすべてのビットの XNOR をとればよい．Verilog HDL 記述では，このように複数ビットに対して同じ演算を行う場合は，以下に示すようにリダクション演算子を用いる．

```
module parity(x, oddp, evenp);
input [31:0] x;
output oddp, evenp;

assign evenp = ^x; // Even parity
assign oddp = ~^x; // Odd parity

endmodule
```

上記のリダクション演算子を用いた記述は，

assign evenp = x[31] ^ x[30] ^ .... ^ x[0]; と同じである．

バレルシフタ

バレルシフタとは任意のビット数分だけワードデータをシフトできる回路である．シフト量が固定値なら回路上は配線のつなぎ替えだけでよいが，シフト量が入力から与えられる場合は組合せ回路になる．ここでは左ローテートシフトする回路の記述を以下に示す．入力 ind は 32 ビットデータ，s はシフト量を示す 5 ビットデータ，出力 outd は 32 ビットデータである．

```
module left_rshift(ind, s, outd);
input [31:0] ind;
input [4:0] s;
output [31:0] outd;

assign outd = lrshift(ind, s);

function [31:0] lrshift;
  input [31:0] SI;
  input [4:0] SV;
  begin
    lrshift = SI;
    if ( SV[0] )  //  1 ビット左シフト
     lrshift = { lrshift[30:0], lrshift[31] };
    if ( SV[1] )  // 2 ビット左シフト
     lrshift = { lrshift[29:0], lrshift[31:30] };
    if ( SV[2] )  // 4 ビット左シフト
     lrshift = { lrshift[27:0], lrshift[31:28] };
    if ( SV[3] )  // 8 ビット左シフト
     lrshift = { lrshift[23:0], lrshift[31:24] };
    if ( SV[4] )  // 16 ビット左シフト
     lrshift = { lrshift[15:0], lrshift[31:16] };
  end
 endfunction
endmodule
```

▶[バレルシフタ]

Barrel shifter. バレルシフタには，シフトする方向と種類によってバリエーションがある．シフト方向は右，左，双方向の 3 種類，シフトの種類はローテート，論理シフト，算術シフトの 3 種類である．ローテートシフトは，シフトアウトしたビットはシフト方向の最下位ビットからシフトインする．論理シフトは，シフトアウトされたデータは捨てられ，シフトインは通常 0 が入力される．算術シフトは，右シフトの場合は最上位ビットへのシフトインは符号ビットになる．

この記述は，図 15.5 に示すように 1 ビットのシフタから順次，2 のべき乗のシフト量のシフタ，すなわち，2 ビット，4 ビット，8 ビット，16 ビットの各シフタを通すことで任意のシフト量のシフト動作を実現している．シフト量は SI で与えられるが，その各ビットの意味はそれぞれのシフト量を示しているからである．

ステートマシン

ステートマシンは順序回路なのでフリップフロップを合成する記述になる．遷移条件の判定には case 文を用いる．図 15.6 にここで記述するステートマシン（ムーアマシン）の概要を示す．左が状態遷移図，右がブロック図である．状態数は 4 で，INIT，ST1，ST2，DONE ステートとして記述するが，コード割り当ては変更できるように define 文で定義している．また，入力は制御信号 E，クロック信号 CLK，リセット信号 RSTL とし，出力は信号 D とする．Verilog HDL の記述例を以下に示す．

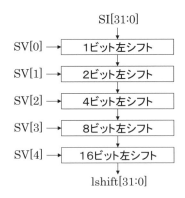

図 **15.5** 左ローテートシフトの構成

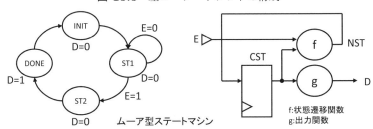

図 **15.6** ステートマシンの状態遷移図とブロック図

```
module  state_machine ( D, E, RSTL, CLK );
 output D;
 input E, RSTL, CLK;
`define INIT 2'b00
`define ST1  2'b01
`define ST2  2'b10
`define DONE 2'b11
reg [1:0] CST, NST;
wire D;

// 出力関数を生成する assign 文
assign D = ( CST == `DONE );

// a) 状態を保持する FF を生成する always 文
always @ ( posedge CLK or negedge RSTL )
  if( !RSTL )  CST <= `INIT;
  else         CST <= NST;

// b) 状態遷移関数（組合せ回路）を生成する always 文
always @ ( E or CST )
  case( CST )
    `INIT  : NST = `ST1;
    `ST1   : if ( E == 1'b1 ) NST = `ST2;
             else NST = `ST1;
    `ST2   : NST = `DONE;
    `DONE  : NST = `INIT;
    default : NST = `INIT;
  endcase
endmodule
```

a) の always 文は状態をを保持するフリップフロップ（2 ビットの CST）を生成する部分である．b) の always 文は次状態 (NST) を出力する状態遷移関数（組合せ回路）を生成する．CST と NST は同じ reg 宣言であるが，CST はフリップフロップになり，NST は組合せ回路の出力の配線となることに注意してほしい．また，b) の状態遷移関数は function 文で作成してもよい．この出力関数は単純なので assign 文で作っているが，これも複雑なら function 文で作成する．

このように順序回路は複雑ではあるが，個別にみればそれぞれの組合せ回路とフリップフロップを分離した RTL 記述になっていることが分かる．

15.3 これからの設計手法

さて，この節で本書も最後である．ここでは論理回路設計の今後について考えてみる．

これまで論理回路を手で設計し論理ゲートで表現してきたが，どうも大規模化するとそれは難しそうだということが分かってきた．そこでハードウェア記述言語を用いて設計生産性を上げる方法がとられたわけである．なぜ大規模になるかというと，それはムーアの法則により LSI の集積度は 18 ヶ月で 2 倍になると信じられているからである．しかし，設計者の能力はほぼ変化しない．NEC の若林一敏博士によれば，設計者の設計しうる限界は 10 万部品といわれている．図 15.7 は，年代別にどのレベルで設計していたかの推移を示した図である（若林氏の許可を得て掲載．一部，本書に合わせて追記・変更している）．

▶[ムーアの法則]
　Moore's law．インテル創業者の一人であるゴードン・ムーア (Gordon E. Moore) が，インテル設立前，フェアチャイルドセミコンダクタ社時代の 1965 年に業界紙上で唱えた「コストが最小になる搭載素子数は 1 年に 2 倍の割合で増加する」（文献 13)) という半導体の将来展望のこと．つまり，大規模化していくのは間違いないが，ここで書いた「LSI の集積度は 18 ヶ月で 2 倍になる」は間違い．さらに経験則でもない．詳しくは参考文献 13) を読んでほしい．

▶[若林一敏]
　わかばやし・かずとし．日本電気（株），博士（工学）．高位合成技術の第一人者．高位合成は，C や C++言語等のプログラム記述から ASIC や FPGA を設計するための RTL 記述を合成する技術であり，動作合成ともいわれる．同社の C 言語を用いたシステム LSI 設計支援環境である CyberWorkBench を開発した．

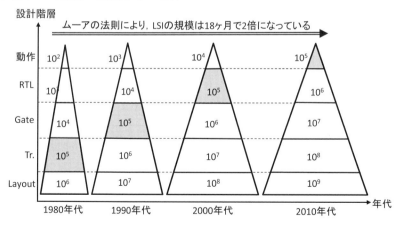

図 15.7　年代別設計手法の推移

たとえば，1980 年代は集積回路の揺籃期であり，フルカスタム LSI はトランジスタで設計していた．この時代も一人の設計者の扱える範囲は 10 万トランジスタが限界ということである．1978 年の Intel 社の 8086 は約 29,000 トランジスタであり，1985 年の i386 は約 275,000 トランジスタである．複数の設計者が共同で開発したとすると妥当な数である．1990 年代

になると論理ゲートで 10 万部品の限界を迎える．そして，2000 年代では
RTL，すなわち HDL の記述で 10 万部品（10 万行）の規模に拡大する．
2008 年発表の Intel 社の Core i7 は実に 7 億 3100 万トランジスタである．
ゲート換算で約 1 億 8000 万ゲート（4 Tr./Gate 換算）となる．RTL 換算
は難しいが 1/100 でも約 180 万行となり，20 人規模の開発チームが必要で
ある．

　さて，本書では論理ゲートと HDL による設計手法，つまり 1990 年代か
ら 2000 年代までの内容を学習したが，2010 年代が終わろうとする現在は
どこが限界であろうか．最新の設計手法は，HDL よりさらに抽象度が高い
C 言語などのプログラム言語からハードウェアを生成する設計手法（動作
合成）が使われている．記述量で比較すると RTL の 1/10 から 1/100 にな
る．しかし，これも LSI の規模拡大が続けば，いずれ限界を迎える．

　すなわち，いつの時代にでも技術は常に進歩しており，設計手法もまた
しかりである．その時代時代に即した設計手法を学び，それをフルに活用
して設計していくことが技術者として重要なのである．

[15 章のまとめ]

　この章では，以下のことを学びました．

- Verilog HDL を用いて RTL の基本記述スタイルについて学んだ．
- 論理合成を前提とした RTL 記述では，クロックは単相クロックを用
  い，リセットは非同期リセットと同期リセットを使い分けることが
  重要である．
- デザインパターンとして，演算器，マルチプレクサ，コンパレータ，
  マスク，符号拡張，パリティジェネレータ，バレルシフタ，ステー
  トマシンの記述例を学んだ．

　本書はディジタルシステムの根幹を成す論理代数（ブール代数）か
らハードウェア記述言語までの広い範囲を論理回路設計という軸でま
とめた教科書です．各項目にはまだまだ学ぶべき内容が多くあります
が，紙面の都合上割愛していることをお許しください．学問には終わ
りがありません．深く追求すれば果てしなく，広く理解しようとすれ
ば広大です．本書がきっかけで LSI の世界に興味を持って学んでいた
だけたなら望外の喜びです．

15章　演習問題

[A. 基本問題]

問 15.1 P.118 の問 9.3 の 4bit のグレイコード・エンコーダを RTL 記述で書きなさい.

問 15.2 P.198 の符号拡張, P.199 のバレルシフタの Verilog HDL コードを参考に 32bit 右算術シフタの RTL 記述を書きなさい.

[B. 応用問題]

問 15.3 P.116 の実用的な回路の設計法を参考に 5 人の多数決回路を Verilog HDL の RTL 記述を書きなさい.

問 15.4 P.118 の問 9.4 の 7 セグメント・デコーダを設計し, VerilogHDL の RTL 記述で示しなさい.

[C. 発展問題]

問 15.5 P.194 の図 15.2 のリセット回路は, メタステーブル問題を緩和する方式として優れている. その理由を簡潔に述べなさい.

問 15.6 動作記述が RTL 記述より記述量が減る理由を調べて簡潔にまとめなさい.

204 15 章 順序回路の設計 3

15 章 演習問題解答

[A. 基本問題]

問 15.1 解答例

```
module gray_enc(B, G);
input [3:0] B;
output [3:0] G;
assign G = {B[3], B[3]^B[2], B[2]^B[1], B[1]^B[0]};
endmodule
```

問 15.2 解答例

```
module right_ashift(ind, s, outd);
input [31:0] ind;
input [4:0] s;
output [31:0] outd;
assign outd = ashift(ind, s);
function [31:0] ashift;
  input [31:0] SI;
  input [4:0] SV;
  begin
    ashift = SI;
    if ( SV[0] )  // 1 ビット右シフト
      ashift = { ashift[31], ashift[31:1] };
    if ( SV[1] )  // 2 ビット右シフト
      ashift = { {2{ashift[31]}}, ashift[31:2] };
    if ( SV[2] )  // 4 ビット右シフト
      ashift = { {4{ashift[31]}}, ashift[31:4] };
    if ( SV[3] )  // 8 ビット右シフト
      ashift = { {8{ashift[31]}}, ashift[31:8] };
    if ( SV[4] )  // 16 ビット右シフト
      ashift = { {16{ashift[31]}}, ashift[31:16] };
  end
 endfunction
endmodule
```

[B. 応用問題]

問 15.3 解答例

```
module vote5(d, j);
input [4:0] d;
output j;
wire [2:0] s;

assign s = d[0] + d[1] + d[2] + d[3] + d[4];
assign j = (s > 3'b010);

endmodule
```

15 章 演習問題解答 *205*

問 15.4 解答例

```
module seven_seg(ind, a, b, c, d, e, f, g);
input [3:0] ind;
output a, b, c, d, e, f, g;

assign {a, b, c, d, e, f, g} = seven_dec(ind);

function [6:0] seven_dec;
  input [31:0] BCD;
  begin
    case(BCD)
      4'b0000:seven_dec = 7'b0000001;
      4'b0001:seven_dec = 7'b1001111;
      4'b0010:seven_dec = 7'b0010010;
      4'b0011:seven_dec = 7'b0000110;
      4'b0100:seven_dec = 7'b1001100;
      4'b0101:seven_dec = 7'b0100100;
      4'b0110:seven_dec = 7'b0100000;
      4'b0111:seven_dec = 7'b0001111;
      4'b1000:seven_dec = 7'b0000000;
      4'b1001:seven_dec = 7'b0000100;
      default:seven_dec = 7'bxxxxxxx;
    endcase
  end
 endfunction
endmodule
```

[C. 発展問題]

問 15.5 解答例

この方式は，リセット信号がアサートされるとすべての回路に非同期にリセットがかかる．仮にリセットが
メタステーブルを発生させるタイミングであっても，リセットの掛かる期間が 2 クロック以上と保証されて
いるため，確実にリセットされる．一方，リセット解除時はクロックに同期して解除されるため，原理的に
メタステーブル状態にはならない．

問 15.6 解答例

RTL 記述はハードウェアの構造を記述し，動作タイミングも厳密に決められている．それに対し動作記述
は，動作（アルゴリズム）のみを記述するため抽象度が高い．したがって，記述量も少なくなる．

論理ゲート記号の新旧対応表

　MIL 論理記号と呼ばれる回路図記号 (MIL-STD-806, ANSI/IEEE Std 91, JIS X 0122) と 1999 年に国際電気標準会議 (IEC; International Electrotechnical Commission) で国際標準化された新記号 (IEC60617, JIS C 0617) の対応表を表.1 に示す.

表 .1　新旧論理ゲート記号の対応表

規格 論理 演算子	MIL-STD-806 ANSI / IEEE Std 91 JIS X0122記号	IEC60617 JIS C 0617-12記号
AND		&
OR		≥1
NOT		1
NAND		&
NOR		≥1
XOR		=1
XNOR		=1

参考文献

1) 坂本真一・蘆原郁：『音楽が 10 倍楽しくなる! サウンドとオーディオ技術の基礎知識』, リットーミュージック (2011).

2) Sony Corporation, "Sony History 第 8 章「レコードに代わるものはこれだ」＜コンパクトディスク＞,"
http://www.sony.co.jp/SonyInfo/CorporateInfo/History/SonyHistory/2-08.html (1996)

3) 湊　真一, "1 章 論理代数と論理関数," 電子情報通信学会「知識ベース」1 群（信号・システム）8 編（論理回路）
http://www.ieice-hbkb.org/files/01/01gun_08hen_01.pdf

4) 笹尾 勤：『論理設計 — スイッチング回路理論』, 近代科学社 (2005).

5) 柴山 潔：『コンピュータサイエンスで学ぶ — 論理回路とその設計』, 近代科学社 (1999).

6) 高木直史, 松永裕介, "2 章 組合せ論理回路," 電子情報通信学会「知識ベース」1 群（信号・システム）8 編（論理回路）
http://www.ieice-hbkb.org/files/01/01gun_08hen_02.pdf

7) 湊　真一, 松永裕介, 他 "3 章 集積回路設計," 電子情報通信学会「知識ベース」10 群（集積回路）1 編（基本構成と設計技術）
http://www.ieice-hbkb.org/files/10/10gun_01hen_03.pdf

8) 高木直史：『算術演算の VLSI アルゴリズム』, コロナ社 (2005).

9) 柏木 潤：『M 系列とその応用』, コロナ社 (1996).

10) 株式会社エッチ・ディー・ラボ：『LSI 設計の基本 RTL 設計スタイルガイド Verilog HDL 編（電子書籍）』, BookWay 書店 (2016).

11) 小林 優：『HDL 独習ソフトで学ぶ CQ Endeavor Verilog HDL—個人レッスン方式で HDL 設計完全マスター』, CQ 出版 (2009).

12) 桜井 至：『Verilog-HDL 言語入門』, テクノプレス (2006).

13) 福田 昭, PC Watch 福田昭のセミコン業界最前線, "「間違いだらけ」のムーアの法則,"
https://pc.watch.impress.co.jp/docs/column/semicon/1088866.html (2017.10.31)

索　引

記号

↓	59
|	59
⊕	59

A

Absorption law	24
AIG	104
Algebraic division	99
Algebraic product	99
Analog	3
AND	21, 57
AND-INV Graph	104
Arithmetic division	99
ASIC	103
Associativity law	24
Augustus de Morgan	32

B

Base	6
BDD	46, 98
Binary decision diagram	46
Bit	20
Boolean division	99
Boolean network	98
Boolean product	99

C

CAD	174
CAE	174
Carry Look-ahead Adder	125
Charles Sanders Peirce	59
CLA	125
Claude Elwood Shannon	34
CNF	45
Co-kernel	100
Commutative law	24
Comparator	114
Complement	21
Complementation law	23
Conjunction	21
Conjunctive normal form	45
Critical path	75

D

D-FF	145, 151
DA	174

D (右列)

DAG	105
DeMultiplexor	111
DeMUX	111
Digit	6
Digital	3
Directed acyclic graph	105
Disjunction	21
Disjunction normal form	44
Distributivity law	24
Division	99
DNF	44
Don't care term	72
DP	105
Dynamic Programming	105

E

E.J.McCluskey	82
EDA	174
Edge-triggered latch	150
ESPRESSO	89
Excitation table	149
EXOR	59

F

FA	122, 126
Factored form	97
FF	134
Filled code counter	159
Finite automaton	132
Finite state machine	132
Flip-flop	134
Frank Gray	47
Frank Wilfred Jordan	144
FSM	132
Full Adder	122

G

Gordon E. Moore	201

H

HA	122
Half Adder	122
HDL	175
Henry M. Sheffer	59

I

Idempotency law	23

Identity element law 23
Instance 177
Instantiation 177
Inverse 21
Involution law 23

J
JK-FF 145

K
Karnaugh map 46
Kernel 100

L
Latch 144
Level sensitive latch 150
LFSR 163
Linear Feedback Shift Register 163
Literal 42
Logic 2
Logical addition 21
Logical multiplication 21
Logical product 21
Logical sum 21
LSI 56

M
Maximum length sequence 164
Maxterm 43
Maxterm canonical form 45
Mealy machine 133
MINI 89
Minterm 43
Minterm canonical form 44
Moore machine 133
Moore's law 201
Multiplexor 110
MUX 110

N
NAND 59
Negation 21
NOR 59
NOT 21, 57

O
OBDD 48
OR 21, 57
Ordered BDD 48

P
PIPO 158
PISO 158
PLA 96
PLD 96
PoS 43
Positional notation 6

PRESTO 89
Principle of duality 23
Product-of-Sums 43
Product-of-sums canonical form 45
Programmable Logic Array 96
Programmable Logic Device 96

Q
Quantization 3
Quine-McCluskey algorithm 82

R
Radix 6
RCA 124
Reduced ordered BDD 49
Richard Wesley Hamming 48
Ripple Carry Adder 124
ROBDD 49
RTL 176

S
Sampling 3
Selector 110
SerDes 158
Shannon's expansion theorem 34
SIPO 158
SISO 158
SoP 42
SR-FF 145
State machine 132
Subject Graph 104
Sum-of-Products 42
Sum-of-products canonical form 44

T
T-FF 145
Truth table 46
TTL 57

U
Unfilled code counter 159

V
Verilog HDL 175
VHDL 175

W
W.V.Quine 82
Weak division 99
William Henry Eccles 144

X
XNOR 60
XOR 59

Z
Zero element law 23

あ

アナログ表現 3
誤り検出 114
AND-OR 回路 70
AND ゲート 57
アンフィルド・コード・カウンタ 159

い

インスタンス 177
インスタンス化 177
インスタンス呼び出し 176
インバータ 57

う

ウィリアム・エックルス 144

え

エイダ・ラブレス 32
SR ラッチ 144
XOR ゲート 59
XNOR ゲート 60
エッジトリガ・ラッチ 150
F.W. ジョーダン 144
M 系列 164
LSI 設計フロー 174
エンコーダ 112
演算子 181

お

OR-AND 回路 70
OR ゲート 57
オーガスタス・ド・モルガン 32
オーバーフロー 125
オペレータ 181

か

カーネル 100
カウンタ 159
加減算器 124
加算 8
加算器 122, 195
カルノー図 46, 74
完全指定順序回路 135, 159

き

記号論理学 2, 20
基数 6
基数変換 9
機能シミュレーション 175
機能設計 175
基本論理演算 20
既約順序付き二分決定図 49
キャリールックアヘッドアダー 125
Q-M 法 82
吸収則 24
q 進数 7

く

空間最適化 75
組合せ回路 62, 70, 132
組合せ回路の解析 73
位取り記数法 6
クリティカルパス 75
グレイコード 47, 160
グレイコードカウンタ 160
クロード・エルウッド・シャノン 34
クロック 132, 134, 192
クロック・ゲーティング 193
クワイン・マクラスキ法 82

け

形式論理学 2
継続的代入文 179
ゲート・レベル 176
桁 6
桁上げ先見加算器 125
結合則 24
減算 8
減算器 123, 195

こ

交換則 24, 32
交番二進符号 47, 161
ゴードン・ムーア 201
コ・カーネル 100
古賀逸策 160
コンパレータ 196

さ

最小項 43, 75, 82
最小項表現 44
最小積和形 75
最大項 43
最大項表現 45
サブジェクトグラフ 104
算術演算 8
算術シフト 199
算術的除算 99
サンプリング 3
サンプルレート 4

し

JK フリップフロップ 145
JK ラッチ 144
シェファー 59
時間最適化 75
識別可能 136
自己双対関数 33
実体 177
実体化 177
シフトレジスタ 158, 162
シャノン展開 36, 46, 70
シャノンの展開定理 34
16 進数 7

主加法標準形 44
主項 75, 82
主項–最小項表 82
主乗法標準形 45
10 進数 7
出力関数 132, 166
順序回路 62, 132
順序機械 132
順序付き二分決定図 48
乗算 8
乗算器 126
状態遷移 132
状態遷移関数 132
状態遷移機械 132
状態遷移図 132, 165
状態遷移表 132, 166
状態の等価性 136
ジョージ・ブール 20, 34
初期表 82
除算 8, 99
ジョンソンカウンタ 162
真理値表 46, 82

す

スイッチング代数 20
数学的論理学 2
ステートマシン 132, 199

せ

正論理 57
積和形 36, 42, 70
セットアップ時間 152
セルライブラリ 97, 103
セレクタ 110
全加算器 122, 126
線形帰還シフトレジスタ 163
センシビリティ・リスト 183

そ

双安定 144
双対 22, 33
双対関数 32, 62
双対性 22, 32, 62
双対性の原理 23, 34
相補則 23, 32, 99

た

大規模集積回路 56
大規模論理回路 174
代数的除算 99
代数的な積 99
タイミングチャート 134
多桁加算器 124
多出力論理回路 96
多数決回路 115
多段論理最小化 96
多入力論理ゲート 65

単安定 146
単位元則 23
単項論理演算 20
単相同期設計 192

ち

チップ製造 175
チャールズ・サンダース・パース 59

て

D ラッチ 144
T ラッチ 144
ディジタル表現 3
D フリップフロップ 151
テクノロジ依存最適化 103
テクノロジ非依存 97
テクノロジマッピング 102
デコーダ 112
デザインパタン 194
テストパターン生成 175
デマルチプレクサ 111
展開特性表 147, 166

と

同期リセット 193
動作レベル 176
動的計画法 105
特異最小項 75, 83
特性表 145
特性方程式 147, 166
ド・モルガンの定理 32, 44, 71
トランジスタ・レベル 176
ドントケア 72, 87
ドントケア項 72

な

NAND 回路 71
NAND 回路変換 71, 103
NAND ゲート 59, 71, 103

に

二項論理演算 20
二重否定 23, 33
2 進数 6
2 段論理最小化 74
2 の補数 13, 123, 198
二分木 48
二分決定図 46
入力要求表 149

ね

ネットリスト 175

の

NOR ゲート 59
NOT ゲート 57

ノンブロッキング代入文 180

は

パース 59
ハードウェア記述言語 175
バイステーブル・ラッチ 144
排他的論理和 124
排他的論理和演算 59
バイナリカウンタ 160
ハミング重み 82
ハミング距離 47, 82, 161
パリティ 113, 123, 198
パリティジェネレータ 113, 198
パリティチェッカ 113
バレルシフタ 199
半加算器 122
万能論理関数集合 63, 103

ひ

比較回路 114
比較器 114, 196
必須主項 75, 82
ビット 20
否定 57
否定排他的論理和演算 60
否定論理和演算 59
否定論理積演算 59
非同期リセット 193
被覆 76
ビヘイビア・レベル 176
標準形 42
標準積和形 44, 75
標準和積形 45
標本化 3

ふ

ファクタードフォーム 97, 102
ファクタリング 97
フィルド・コード・カウンタ 159
ブーリアンネットワーク 96
ブール代数 20
不完全指定順序回路 135, 159
復号化 112
符号 12
符号化 112
符号拡張 198
符号絶対値表現 12
符号ビット 12
負の数 12, 123
プライオリティ・エンコーダ 112
フランク・グレイ 47
フリップフロップ 134, 144
フルアダー 122
ブロッキング代入文 180
負論理 57, 194
分周器 160
分配則 24, 32, 36

へ

併合 82
べき等則 23, 99
ベン図 25
ヘンリー・シェファー 59

ほ

包含 75
方式設計 174
ポートリスト 176
ホールド時間 152
補数 10

ま

マグニチュード・コンパレータ 114
マスク 197
マルチバイブレータ 146
マルチプレクサ 110, 124, 195

み

ミーリマシン 133
MIL 論理記号 57

む

無安定 144
ムーアの法則 201
ムーアマシン 133, 166

め

命数法 6
メタステーブル 193

ゆ

有限オートマトン 132
有限状態機械 132
有向グラフ 48
有向非巡回グラフ 105

よ

弱い除算 99

り

リセット 193
リチャード・ハミング 48
リップルキャリーアダー 124
リテラル 42, 43, 97
リテラル消去表 82
量子化 3
量子化誤差 4
リングカウンタ 161

れ

レイアウト設計 175
励起関数 149
励起表 149
零元則 23, 32

レジスタ 158
レジスタ・トランスファ・レベル 176
レベルセンシティブ *D* ラッチ 151
レベルセンシティブ・ラッチ.....................150

ろ

ローテートシフト 199
論理演算記号 22
論理回路...................................2, 61
論理学...2
論理関数................................. 22, 61
論理ゲート 56
論理合成 175
論理式................................... 20, 22
論理式の標準化 42
論理シフト 199
論理シミュレーション 175
論理積................................... 20, 57
論理積項.....................................42
論理代数 2, 20
論理段数.....................................75
論理値.......................................20
論理的除算 99
論理的な積 99
論理否定.....................................20
論理変数................................. 22, 42
論理和................................... 20, 57
論理和項.....................................42

わ

和積形................................ 36, 42, 70
ワンホット・ステート・カウンタ 162

著者略歴

飯田 全広 （いいだ　まさひろ）

1988 年 3 月　東京電機大学 工学部 電子工学科 卒業
1988 年 4 月　三菱電機エンジニアリング（株）入社
1997 年 3 月　九州工業大学 大学院 情報工学研究科 博士前期課程 修了
2002 年 3 月　熊本大学 大学院 自然科学研究科 博士後期課程 修了　博士（工学）
2003 年 2 月　三菱電機エンジニアリング（株）退職
2003 年 2 月　熊本大学 工学部 数理情報システム工学科 助教授
2007 年 4 月　熊本大学 大学院 自然科学研究科 情報電気電子専攻 准教授
2016 年 1 月　熊本大学 大学院 自然科学研究科 情報電気電子専攻 教授
2018 年 4 月　熊本大学 大学院 先端科学研究部 情報・エネルギー部門 教授
2024 年 4 月 - 現在 熊本大学 半導体・デジタル研究教育機構 半導体部門 教授

はじめての論理回路

© 2018 Iida Masahiro　　　　　　Printed in Japan

2018 年 7 月 31 日　初 版 発 行
2024 年 2 月 29 日　初版第 4 刷発行

著　者　　飯　田　全　広

発行者　　大　塚　浩　昭

発行所　　株式会社 近代科学社

〒 101-0051　東京都千代田区神田神保町
1 丁目105番地
https://www.kindaikagaku.co.jp

藤原印刷　　　**ISBN978-4-7649-0571-9**

定価はカバーに表示してあります.